U0241401

人人学茶

初見白茶

张郑库 雷顺号 张婷婷 著

旅游教育出版社
·北京·

策　　划：赖春梅
责任编辑：赖春梅

图书在版编目(CIP)数据

初见白茶 / 张郑库，雷顺号，张婷婷著. --北京 ：旅游教育出版社，2019. 7
(人人学茶)
ISBN 978-7-5637-3965-3

Ⅰ. ①初… Ⅱ. ①张… ②雷… ③张… Ⅲ. ①茶叶—介绍—福鼎 Ⅳ. ①TS272.5

中国版本图书馆CIP数据核字(2019)第103243号

书名题字：陈兴华

人人学茶
初见白茶
张郑库　雷顺号　张婷婷◎著

出版单位	旅游教育出版社
地　　址	北京市朝阳区定福庄南里1号
邮　　编	100024
发行电话	(010)65778403　65728372　65767462(传真)
本社网址	www.tepcb.com
E-mail	tepfx@163.com
印刷单位	天津雅泽印刷有限公司
经销单位	新华书店
开　　本	710毫米×1000毫米　1/16
印　　张	12.5
字　　数	154千字
版　　次	2019年7月第1版
印　　次	2019年7月第1次印刷
定　　价	55.00元

(图书如有装订差错请与发行部联系)

目录
CONTENTS

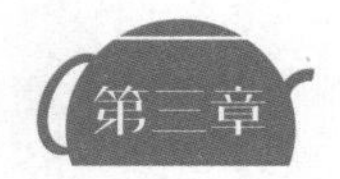

第三章 茶哥米弟，一碗茶汤见真情 / 099

第四章 匠人匠心，茶路漫漫 / 147

序言一

PREFACE A

茶叶是我国的传统特色产品，也是蕴含多元文化的国家名片。一片茶叶，传承丝路古韵，述说东方神话。近年来，我国茶产业持续蓬勃发展，茶叶出口稳步增长，中国茶叶越来越受到全球消费者的喜爱。其中，福鼎白茶更是成为远销欧美的茶叶珍品，唇齿间茶香习习，谈笑间余韵幽幽。

福鼎位于福建省东北部，产茶历史悠久，茶文化底蕴深厚。多年来，丰富的茶树资源，优良的茶树品种，良好的生态环境、精湛的采制技术，赋予了福鼎白茶“毫香蜜韵”的独有品质，并有着“白如云、绿如梦、洁如雪、香如兰”的美誉。

秉承山水灵秀和区域特色的福鼎人民，造就了独具地方特色的茶叶文化，并涌现出一批又一批优秀的福鼎茶人。纵览全书，作者以通俗、文学的笔法，全面系统地介绍了福鼎白茶的历史、生产、收藏、品鉴、民俗、品饮、传说、旅游等知识。作者以科学考察的精神、田野访谈的方式，挖掘出大量与福鼎白茶相关的民间故事、茶俗茶礼等，以故事为主线穿插福鼎白茶的知识点，揭秘福鼎白茶的独特价值，寻找福鼎白茶产业发展的原生动力，呈现福鼎白茶的人文内涵，展示福鼎白茶的美学世界。本书兼具科普性、故事性与文学性，通俗易懂，富有趣味，字字句句情真意切、落到实处，加之富有福鼎白茶代表性和艺术感的图片，为读者提供了愉悦的阅读体验。

作为福鼎白茶人的老朋友和近阶段中国茶业经济发展的见证者之一，我认为：本书的出版对于研究福鼎白茶具有重要的参考价值和学术意义，有着存史、咨询和启迪的积极作用，值得一读再读，耐人寻味。

时代瞬息万变，茶业代代相传。与中国其他茶类一样，福鼎白茶有它的共性，也有它的特性。希望该书的问世，让更多的读者通过阅读这本书喜欢上福鼎白茶，在了解福鼎白茶丰富内涵的同时品鉴福鼎白茶色香味。我相信在勤劳智慧的福鼎茶人的共同努力下，在国内外广大茶叶工作者的精心关怀培育下，福鼎白茶一定会迎来更加辉煌灿烂的未来。

读后有感，谨以为序。

王庆

中国茶叶流通协会

2019 年 4 月

序言二

PREFACE B

南方有嘉木，白茶生福鼎。

从古至今，福建就是中国茶叶生产发展过程中不可或缺的一块沃壤，自产茶之始，就与横亘绵延千年的中国茶业一起闪耀，一起黯淡，一起复兴。梳理悠悠福建茶史，它的轮廓逐渐在袅袅的茶烟中清晰，如同它的茶一般醇厚而绵长，令人饮之适然，品之悠然。福鼎白茶便是其中的佼佼者。

白茶是中国六大茶类之一。福鼎作为中国名茶之乡、中国白茶之乡和中国茶文化之乡，产茶历史悠久，茶文化底蕴深厚。自古以来，福鼎以其丰富的茶树资源，优良的茶树品种，精湛的制茶技艺，优异的茶叶品质，以及多姿多彩的茶文化，在中国乃至世界茶业发展史上占据重要地位。在中华茶文化的百花园中，有着福鼎白茶璀璨的身影；在闽东对中国茶业贡献的功劳簿里，有福鼎白茶浓墨重彩的一笔。

据《福建地方志》和茶界泰斗张天福教授《福建白茶的调查研究》中记载，白茶早先由福鼎创制于清嘉庆初年（1796 年），福鼎用本地菜茶茶树的壮芽为原料创制白毫银针（小白、土针）；约在咸丰六年（1857 年），福鼎选育出福鼎大白茶（后被命名为华茶 1 号）和福鼎大白毫（后被命名为华茶 2 号）茶树良种后，于光绪九年（1885 年）福鼎茶人开始改用福鼎大白茶、福鼎大白毫的壮芽为原料加工白毫银针（大白），由于福鼎大白茶、福鼎大白毫芽壮、毫显、香多，所制白毫银针外形、品质远远优于菜茶，出口价高于菜茶加工的“土针”10多倍，约在1860年“土针”逐渐退出白毫银针的历史舞台。从1885年开始用福鼎大白茶、福鼎大白毫制银针后，1891年开始外销，在1910年左右，福鼎有白琳工夫红茶出口，白茶常被茶商用于撒在红茶的表面上装箱出口，到了1912年茶商把红茶与白茶分装，白毫银针则变成单独的商品。20世纪50年代，计划经济大环境下福鼎划为红茶产区，白牡丹就此停止生产。到1962年，由于福建白茶外销市场的需要，福鼎开始加工白茶。到1965年，为了战胜自然灾害，福鼎大胆地试用加温萎凋的方式生产白茶，取得成功。到现在福鼎大多数白茶生产企业采用复式萎凋、低温萎凋和日光萎凋的方式生产白茶。

2010年修订的《地理标志产品　福鼎白茶》明确规定：福鼎白茶是在福鼎市行政区域内独特的地理环境条件下选用适宜的茶树品种进行繁育和栽培，用独特的萎凋、干燥等加工工艺制作而成。

丝路山水，白茶熠熠生辉。

2009年，在陕西蓝田吕氏家族古墓考古中发现了距今千年的宋朝茶叶（现陈展于西安碑林博物馆）。专家们几经比对论证，认定：它们是茶叶中少之又少的极品白茶，来自我国东南地区的一处蕞尔小城——福建福鼎。

北宋无疑是中华文化史上的一个丰盛期。于琴棋书画和诗词酬和中，茶的清雅之姿必不可少。而出现在达官显贵的生活中，更作为随葬物品入墓，则一定是茶中之珍品。

可以推断，在这之前相当长一段时间，白茶已名闻遐迩，且远涉千山万水来到西安。自张骞通西域，这座城市就成为中华对外交流的窗口，并在相当长时期稳居世界中心地位。千年丝绸之路，这里是起点，更是枢纽。商贾辐辏的丝路上，丝绸、茶叶、瓷器是中国输出的三大宗贸易商品。吕氏家族古墓的考古发现表明，至迟在北宋，白茶已通过丝绸之路到达异国他乡。

此后的元明清时期，海运发达，“东方第一大港”福建泉州快速崛起，成为“海上丝绸之路”的始发港。“郑和下西洋”，世界航运史中浓墨重彩的一笔，就发生于这个时期。庞大的船队向海外诸国传播中华文明、促进东西方文化交流的同时，也带去了大量中华奇珍。茶叶还是其中的一项大宗商品，其中就有产自福鼎的白茶珍品。

通过海陆两条丝绸之路，白茶作为中国送给世界的礼物，源源不断地输往五洲四海。今天，欧洲各国王室和上层社会人士还保留着在泡饮红茶时加入白毫银针（白茶）以示名贵的传统。传统的形成非一时之功，海陆两条丝路，是千年白茶声名远播的见证者，也是推动者。

毫香蜜韵，白茶更放光芒。

作为最古老的茶叶，福鼎白茶更是天工开物的生动例证。茶叶发源于商周，种植于两汉，传播于南朝，兴盛于唐代，辉煌于宋元；福鼎白茶创制于明清，衰微于民国，复兴于当代。在历史上，福鼎白茶是闽茶的重要组成部分，更是联结中外的重要外贸商品，以“毫香蜜韵”傲立茶界。

2007 年之后，欧美经济不景气，福鼎白茶出口减少，此前成长起来的茶企不断转向内销市场。恰好此时国内也出现一批有经济实力有志于复兴茶文化的消费者，白茶慢慢受到青睐，资本和政府力量联手推广福鼎白茶，茶叶价格节节攀升。

2015 年 11 月，当今茶界泰斗、时年 106 岁的张天福老人因此郑重题字“中国白茶发源地——福鼎”。

2013 年，“一带一路”倡议一经提出，立刻引起欧亚各国的积极响应。在中亚、南亚、中欧以及阿拉伯国家，从政府到民间，“一带一路”激发出的热情正积蓄起巨大的能量。这当然是振兴中国茶产业、复兴茶文化，建设中国茶业强国的伟大机遇。

福建，海上丝绸之路的核心区，省内的福州、泉州、宁德三地，又是“海上丝茶之路”的起始城市和白茶、红茶等茶叶的主产区。如何在“一带一路”大战略中再度扬帆起航，大力拓展福建茶的国际市场，重现昔日海上丝绸之路的辉煌？福建茶人、茶企和茶业主管部门已开始合力破题。

作为千年白茶故里，福鼎不敢落后。2015 年 12 月 26 日，“白茶千古韵，海丝再起航”福鼎白茶福州赏鉴会暨福鼎白茶“申遗”启动仪式在福州开场，2018

年福鼎白茶列入中国重要农业文化遗产项目。当前，福鼎正处在蓄势而发、乘势而上、加快发展的新时代，正发挥其得天独厚的区位优势、资源优势、人文优势、生态优势，全面带动包括茶产业在内的经济社会协调发展。茶业的生机和活力为福鼎经济又好又快发展增添了绿色翅膀；茶产业的持续振兴、茶文化的焕发异彩，将为推进福建建设跨越崛起添香助色。

作为一名茶叶品牌创建者，张郑库联合地方茶文化爱好者，立足福鼎，从茶学浩瀚海洋中细心甄选，撷取朵朵美丽的浪花，认真编写成《初见白茶》一书，集科普性、学术性、知识性和可读性于一体，对弘扬福鼎茶文化乃至闽茶文化具有十分重要的意义。

潮起方能踏浪，风正恰逢起航。"一带一路"展开的广袤天地、绚丽图景中，千年白茶理应成为其中一道明亮的色彩。我相信，有着绵长过去、生动现在的福鼎白茶，更将有着美好的未来。谨寄希冀，并为序。

孙威江

福建农林大学　教授

2019 年 4 月

前言　白茶经

神话是历史的发端，福鼎白茶史也不例外。

茶具有广泛的生物学价值和社会价值，号称有五六千年的历史。作为世界上历史最为悠久的饮料之一，第一杯茶据说是由史前某位草药医生泡制出来的。中国的口头传说提供了这样一个有关饮茶起源的神话。据说，中国的三皇五帝中第二个“皇帝”神农——农业耕作的发明人，从而被认为是医学和农业之父——出于卫生的考虑，让大家喝煮开后的水。神农发现把茶树上的落叶放进罐子里的开水中，水里会散发出一种芳香。于是，作为一种药物、养生品和饮料的茶便由此诞生了。

陆羽《茶经》写道“茶之为饮，发乎神农”，告诉我们茶起源于远古神农氏时期。

无独有偶，在福鼎太姥山区，也流传着一个类似的神话传说：

说尧时有一女子，居太姥山，见山下麻疹流行，便教人用茶治病救人，由此感动上苍，羽化成仙，后人尊其为太姥娘娘，并向她学习种茶。

剥去传说的外壳，在现实中寻找与传说相合拍的证据，不难印证传说中蕴含的真实信息。

1957年，福建茶树良种普查时，就发现太姥山区有野生古茶树群落。

传说中太姥娘娘修炼并得道升天的地方，也有福鼎大白茶古树——绿雪芽的存在。

太姥山绿雪芽古树

太姥山区民间自古就有将晒干的茶芽收藏，用于治疗麻疹的经验方，从侧面说明茶最初是作为药用的。后来古人又发现茶可以“使人益思，少卧，轻身，明目”“令人有力，悦志”。

于是茶这南方之嘉木，草木之仙骨，除了作为药用外，还成为祭祀天地神灵和祖先的供奉品，帝王贵胄享受的奢侈品和方家术士修道的辅助品，而这些都无一例外地用到茶的干叶。

因为茶的鲜叶不易得，于是古代先民便有意识地将鲜茶叶晒干保存，以备不时之需。

随着茶树种植面积扩大和制茶工艺创新，茶便褪下了它的神秘面纱，逐步进入了百姓的日常生活。

唐朝时“干茶”在与“蒸青团茶”并存了一段时间后逐渐淡出历史舞台，取而代之的是各式各样的绿茶和后来创制的其他茶类。

不可否定，太姥山所在的长溪（福鼎）茶区在茶业发展历程中，也曾引进过绿茶、红茶、花茶等制茶工艺，并延续至今，而且还创制出被誉为闽红三大工夫之一的白琳工夫。但值得庆幸的是，传统白茶制法并没有因此在福鼎湮灭。

那些隐身在崇山峻岭之中的太姥山居民和僧侣们，由于缺乏与外界的交流，仍沿用晒干和阴干的方式制茶自用，无意间将古白茶制茶工艺承袭了下来，并延续了千百年。

我们现在可以看到，太姥山出白茶的最早记载是唐代陆羽在《茶经》中的记载“永嘉县东三百里有白茶山”。茶学家陈椽教授指出，永嘉东三百里是海，应是“南三百里”之误；南三百里是福建的福鼎，系白茶原产地。

大约到了明朝，太姥山古白茶开始走出山门，有人还给它取了个很贴切雅致的名字叫"绿雪芽"，并很快在名茶丛中占据一席之地。这就是明《广舆记》中说的：福宁州太姥山出名茶，名绿雪芽。

明末清初时，太姥山茶的声名更盛。

白茶工艺看似简单，其实风险大，天热变红，天冷变黑；而且很占存放空间，且制作工艺耗时，再加上当时的福鼎主打红茶牌，客观上限制了福鼎茶人开发白茶的积极性。即使后来成功引种了大白茶，也还只是用来制作白琳工夫，而没有用它的芽来制作白毫银针。

清朝后期，红茶市场风云突变，竞争异常激烈。从国际看，虽然中国还是红茶主要输出国，但市场份额已有一半被印度、锡兰（今斯里兰卡）瓜分；从国内看，祁门红茶1875年一经创制，迅速异军突起，很快就挤占了闽红茶的市场。此时的福鼎茶商已经看到危机所在，决定另辟蹊径，改做白茶。他们在太姥山中找到了芽壮毫显的大白茶茶树，然后针对古白茶制作看气候制茶的弊端，研究出了一套更适合商业化生产的近代白茶加工工艺，制成了白毫银针

日晒白茶

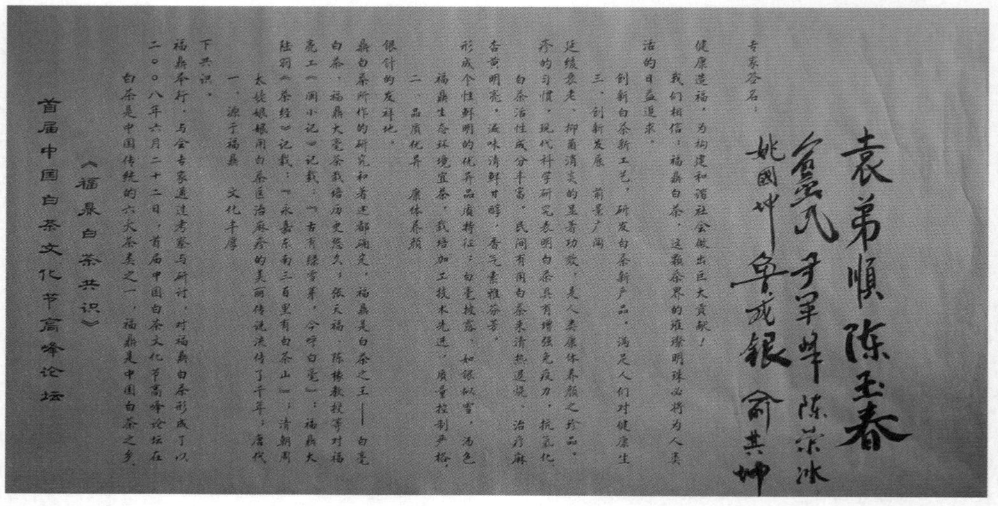

首届中国白茶文化节高峰论坛

《福鼎白茶共识》

白茶是中国传统的六大茶类之一，福鼎是中国白茶之乡。二〇〇八年六月二十二日，首届中国白茶文化节高峰论坛在福鼎举行，与会专家通过考察与研讨，对福鼎白茶形成了以下共识：

一、源于福鼎　文化丰厚

太姥娘娘用白茶医治麻疹的美丽传说流传了千年；唐代陆羽《茶经》记载：『永嘉东南三百里有白茶山』；清朝周亮工《闽小记》记载：『古有绿雪芽，今呼白毫』；福鼎大白茶、福鼎大毫茶栽培历史悠久；张天福、陈椽教授等对福鼎白茶所作的研究和著述都确定，福鼎是白茶之王——白毫银针的发祥地。

二、品质优异　康体养颜

福鼎生态环境宜茶，栽培加工技术先进，质量控制严格，形成个性鲜明的优异品质特征：白毫披露，如银似雪，汤色杏黄明亮，滋味清鲜甘醇，香气素雅芬芳。

白茶活性成分丰富，民间有用白茶来清热退烧、治疗麻疹的习惯，现代科学研究表明白茶具有增强免疫力，抗氧化，延缓衰老，抑菌消炎的显著功效，是人类康体养颜之珍品。

三、创新发展　前景广阔

创新白茶新工艺，研发白茶新产品，满足人们对健康生活的日益追求。

我们相信，福鼎白茶，这颗茶界的璀璨明珠必将为人类健康造福，为构建和谐社会做出巨大贡献！

专家签名：

袁弟顺　陈玉春

陈荣冰

姚国坤　鲁成银

福鼎白茶共识

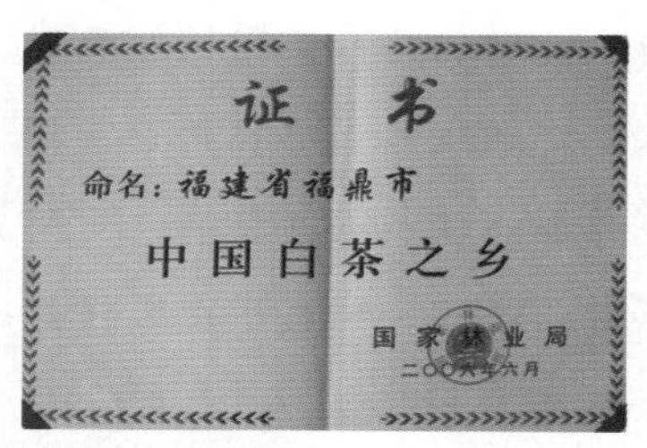

证　书

命名：福建省福鼎市

中国白茶之乡

国家林业局

二〇〇六年六月

国家林业局命名福鼎为中国白茶之乡

银针在玻璃杯中亭亭立立

并投入商业化生产，很快便打开了国际市场，之后白牡丹及其他大众化白茶陆续开发出来。

但白茶产量仍少，故一直作为特种茶，专供出口长达百余年。近年随着国内消费水平提高和白茶大面积扩种，珍贵的白茶开始回归国内市场，飞入寻常百姓家。

当我们品尝白茶，欣赏它银妆素裹的美姿和清醇鲜爽的汤味时，也别忘了它曾出身寒门，也许最初的白茶，是远古时期太姥山人和其他茶区的人，无意间共同创制的。但引以为豪的是，最终保存这项技艺并据此创制了现代白茶的还是太姥山人，用“创于远古，闻于隋唐，兴于明清，盛于当世”来表述福鼎白茶的起源与传承，再贴切不过。

我们仍然回到茶本身。

17 世纪中期，中国的康熙皇帝取消茶马互市，茶作为中国传统换取战马的国家战略物资，其地

盖碗冲泡白毫银针

太姥山核心景区野生茶园

位自此衰落，自由贸易兴起。这个时期，茶开始进入英国。而到了18世纪中后期，中国其他商品，比如生丝和土布曾经占有一定优势的物产，此时已完全无足轻重，茶成为那时最重要的出口英国的商品。茶，由此成为英国的国家战略物资——英国国会法令限定英属东印度公司必须能经常保持一年供应量的存货。据史料记载，英国女皇伊丽莎白最爱饮这味醇而清香、嫩如雀舌、纤如缝针、白如纯银的大白毫，通常会在品饮红茶时加入几根白毫银针，以示尊贵身份。

茶，这种国家战略物资的中英移位，中国官员自有见解，1809年，先后任两广与两江总督的百龄上奏如此描述："茶叶大黄二种，尤为该国（英国）日用所必需，非此则必生病，一经断绝，不但该国每年缺少余息，日渐穷乏。并可制其死命。"

百龄的描述固然天真，但英国对茶叶的依赖确属史实。那位第一个了解红茶与绿茶可由同一片鲜叶由不同工艺制成的英国植物学家罗伯特·福琼，从中国往印度运去中国茶树样本，即为英国要摆脱对中国茶叶依赖下的选择。在印度阿萨姆茶园，英国人苦心经营，1836年终于生产出少量茶样品，1888年后，印度出口英国的茶叶首次超过中国；至此，中国茶，无论销量还是价格都一路陡降。稍后，日本又取代中国成为对美国最大的绿茶出口国。茶道虽小，却折射出国家影响力的强弱。

福鼎有特殊的地理位置，海上交通便利，产茶历史悠久，福鼎的沙埕港与广州、福州、泉州、厦门、温州各港直接相通，往来商船众多，茶叶被大量运往海外。

在福鼎沙埕港开放之前，福鼎茶主要是经过陆路由人力肩挑越过飞鸾或分水关而到达福州或温州，然后转运国外。随着沙埕港口岸的开辟，茶叶由轮船运输到海外。海轮运输的巨大优势（人、财、物力成本上的节省，对天气气候的抵抗性）使得茶叶损坏率相比于陆运茶叶降低 15% 以上。茶叶运输方式的转变，由此产生了“墙内开花墙外香”的福鼎白茶外贸盛景。1906 年《福鼎县乡土志》的商务表记述每年往外运输红茶、绿茶、白茶近 600 吨。《福建省统计年鉴》载 1937 年福鼎港口货物输出白茶、红茶、绿茶、莲心茶、白毛猴、黄茶合计总输出量有 1400 吨。

高铁穿越福鼎茶区

而早在几百年前，福鼎民间就有“嫁女不慕官宦家，只询牡丹与银针”的民风，从中可见白茶受重视程度。

一片小小的鲜叶，无论是不炒不揉作白茶，还是揉捻发酵成红茶（白琳工夫），漂洋过海，千回百转，最终成就的历史，远远大于人们的想象。

人生如茶，让我们都来品味福鼎白茶。我们这一代人，应该去做我们该做的事情。茶路上会有我们的足迹。

福鼎大白茶茶芽

引子　初见白茶，从历史走来

2019 年 3 月 21 日，农历二月十五，春分。东南白茶公司福鼎白茶头采节开采今年春茶第一茬，来自全国各地的 100 多名茶友体验了福鼎白茶采摘与品鉴活动。

在传统的二十四节气中，进入春分就意味着万物复苏的最美时节已然到来，传统农事的忙碌由此开始，比如茶。作为制作白茶的优良品种，头茬福鼎大白茶、福鼎大毫茶的一芽采摘下来后，被制成白茶家族中声名显赫的白毫银针，贴上首春首采的标签，带着当地风物的气息，率先开启了福鼎白茶新一年的旅程。

早上 7 点，60 岁的张郑库挎着竹篓领着我们上了茶山。经过一冬的休养生息，茶树重新焕发了生机，顶端墨绿肥厚的叶片托举出了细嫩的芽头，昨夜的露水尚未褪去，芽头上的茸毛纤毫毕现，青翠欲滴。标准的芽叶相抱，采摘正当时。

张郑库将熟练采工的采茶动作比喻为“弹钢琴”，两手分别拢住不同枝头，手指在茶树间轻轻掠过，完成一套美妙的动作：拇指和食指轻轻捏住叶梗，手腕一转，叶片就掰了下来，在采摘下一片茶叶时，先前的芽叶已顺势攥在了手心。如此反复，只有当两手的茶

张郑库在采茶

青满了，才稍做停顿，将茶青放入竹篓里。

这样的场景，40 年前便已开始成为张郑库生活的一部分。1980 年，张郑库从部队复员后被分配到茶厂工作，1993 年他辞职下海，到北京马连道开茶叶店，2002 年返乡创办东南白茶公司，成为全国第一家以白茶命名的茶企业，被福鼎市茶业协会认定为“新世纪福鼎白茶发起第一人”，2016 年成为福鼎白茶传统技艺的“非物质文化遗产”传承人。

茶是个奇妙的东西，在张郑库的认知里，茶不仅是人与人关系的载体，也是人与自然关系的载体，“它向世人展示当地、当年的风土气息”。而福鼎白茶的传统制作工艺，需要借助自然界的力量来完成。对好茶的求索，更能展现自然与风土的气息。

古代的茶，最早被《神农本草经》记录为疗疾之物，从药用价值发展到品饮，线索清晰。由于茶叶生长的季节性局限，为使全年都能使用，人们便采集鲜叶自然晒干收藏。这一过程与后来的白茶萎凋环节类似，只是没有人为之命名为白茶而已。

“一年茶，三年药，七年宝。”福鼎白茶追求后期的转化，口感、功用、价格都随年岁的增长而呈正相关。

开山采茶

相较于其他茶类，白茶的制作工序自然：萎凋、干燥，不炒不揉，传统工艺只有日光萎凋和室内通风处萎凋以达到干燥要求，看似简单，其实奥妙无穷。

最关键的技术在于萎凋，《中国茶叶大辞典》这样注释这一过程：“红茶、乌龙茶、白茶初制工艺的第一道工序。鲜叶摊在一定的设备和环境条件下，使其水分蒸发、体积缩小、叶质变软，其酶活性增强，引起内含物发生变化，促进茶叶品质的形成。主要影响因素有温度、湿度、通风量、时间等，关键是掌握好水分变化和化学变化的程度。”白茶是所有茶类萎凋时间最长的。

生态条件，是一泡好白茶乃至所有好茶形成的先决条件，也是门槛。福鼎白茶能够被认可，很大程度上是因为福鼎位于太姥山脉，是典型的南方低山丘陵地形，境内重峦叠嶂，雨水充沛，土壤多为火山砾岩、红砂岩及页岩组成，土质疏松，抚育了茶树。

福鼎是中国十大产茶大县之一，现有茶园面积 20.3 万亩，茶叶年总产量 2.7 万吨，其中白茶 1.7 万吨。由于主打传统制作工艺，传承人的传帮带就显得更加重要。而所谓传承人，更多的是用技艺与诸多不利的自然因素抗争，在看似简单的工艺中用经验在不同细节中寻找到平衡点，在天时、地利具备的时候，确保一杯好茶诞生。

传统白茶制作技艺通过收徒方式来传帮带

世界白茶在中国，中国白茶在福鼎。在地理上，唐代茶圣陆羽在《茶经》中就有记载“永嘉县东三百里有白茶山”。句中的白茶山即福建福鼎太姥山。永嘉就是现在的温州，那么从温州出发向东三百里，岂不是掉到海里了？莫不是白茶山如同蓬莱仙山一样，飘悬于海中？事实倒是没有那样玄妙。茶学泰斗陈椽教授在《茶业通史》中指出：“永嘉东三百里是海，是南三百里之误。南三百里是福建福鼎（唐为长溪县辖区），系白茶原产地。”

骆少君、陈椽等众多专家从历史渊源、文献记载以及自然地理条件等方面对福鼎白茶进行多角度多层面的研究考证，得出了结论：中国白茶的源头在福鼎。2008 年 6 月 22 日，首届中国白茶文化节高峰论坛在福鼎举行，与会专家通过考察与研讨，一致认定福鼎为中国白茶发源地。

在福鼎有这样一个民间传说，太姥山古名才山，尧帝时，有一位蓝姑在此居住，以种蓝（蓝草，其汁色蓝，榨之以染布帛）为业，为人乐善好施，深得人心。她将所种的茶叶作为治麻疹的良药，救活了无数患病小儿。人们感恩戴德，把她奉为神明，称其为太母，这座山也因此名为太母

太姥山

山。到汉武帝时，派遣侍中东方朔在各地封授天下名山，于是太母山被封为天下三十六座名山之首，并正式改为太姥山。

由此可见，从远古时代开始，福鼎就与“茶”结下了不解之缘。

在福鼎，白茶自古以来就与人们的生活非常紧密地连在一起。“茶哥米弟”之俗语，生动地表明茶在福鼎人生活中的地位。在福鼎民间流传着很多与茶有关的习俗，大到敬天地、贡天、敬佛、敬祖，小到待人接客，都少不得一杯茶。到了明朝，从史料记载中可知茶已成为福鼎人民经济生活的重要来源。明代谢肇淛《太姥山志》描述了当时太姥山茶园的种植景象：“太姥洋在太姥山下，西接长蛇岭，居民数十家，皆以种茶樵苏为生。白箬庵……前后百亩皆茶园。”谢肇淛的游记《五杂俎》则记录了太姥山产茶叶：“闽之方山、太姥、支提，俱产佳茗，而制造不如法，故名不出里闬。”

福鼎白茶的商品化是在清中期，这得益于福鼎大白茶茶树品种于嘉庆年间在点头镇柏柳村被发现并推广种植，这便是今天的福鼎大白树种。茶叶专家张堂恒在《中国制茶工艺》中明确写道：清嘉庆元年（1796 年），福鼎茶农采摘普通茶树品种的芽毫创制白毫银针，茶业界公认此为现代白茶诞生的标志。茶界泰斗张天福也在《福建茶史考》和在 1963 年撰写的《福建白茶的调查研究》中确认白茶首先由福鼎创制，福鼎为白茶的原产地和主要产区。

1939 年，福建省贸易公司和中国茶叶公司福建办事处联合投资在崇安创办“福建示范茶厂”，福鼎茶厂成为下属的七个分厂之一，由张天福、陈椽等著名茶学专家负责，通过开展外销茶加工、改进加工技术、制茶技术测定等工作，开启了福鼎茶业的科学生产时代。抗战时期，福鼎茶叶生产受到破坏，但白毫银针出口依然不间断。

1956 年，福建省农业厅在福鼎建立了大面积福鼎大白茶良种繁育场，采用短穗扦插法繁育福鼎大白茶苗，开启福鼎大白茶推广新序幕。1959 年，全国茶叶生产现场会在磻溪镇黄岗村召开，由此兴起了全国种植福鼎大白茶的热潮，种植区域扩展到贵州、江苏、湖北、湖南、浙江、江西及福建的其他县市。

短穗扦插法繁育福鼎大白茶苗

茶市交易

1949 年新中国成立后，福鼎茶叶统归中茶公司福建分公司（后称福建省茶叶进出口公司）统购统销，茶叶出口业务也由该公司负责。当时福鼎国营茶厂（闽东第二茶叶精制厂）加工精制茶品，除供应省内外的内销外，还按国家出口计划供应出口外销。

1956 年始开展社会主义私营工商业改造，取消茶叶私商、私贩。茶树栽培、茶叶生产，由个体经营走向互助合作的集体化道路。1959 年，福鼎农村全民实行人民公社化，即相当于今天的“乡（镇）”级称为“人民公社”，“行政村”称为“大队”，“大队”所在地各片和自然村，则为“生产队”。公社、大队或生产队兴办的茶场，为集体茶场，其茶树栽培生产、茶叶采制加工由“场”或“队”统一集体经营，其生产出的茶叶产品，除分配社员（即农民）自饮部分的茶叶之外，其余全部由当地国家茶叶收购站（即茶站）收购。这个体制一直保留到 1985 年国家实行茶叶体制改革放开之前。

1986 年后，国家对茶叶生产收购的计划经济实施改革，茶业经营体制改变为国营、集体、个体多元化，实行茶叶商品多渠道经营，此后茶业从计划经济走向市场经济。

翻开中华名茶尘封的历史，福鼎白茶馨香四溢。作为海上丝绸之路最重要的商品之一，福鼎白茶曾远销海外各国，是中外互联互通的重要纽带。进入 21 世纪以来，福鼎白茶重现辉煌，尤其在“一带一路”的战略中，福建被定位为 21 世纪海上丝绸之路建设核心区，这势必有力助推福鼎白茶的外贸出口，让福鼎白茶的缕缕茶香飘向了更广阔的世界。

第一章 福鼎，因茶而荣

到了福鼎，你能艳遇的只有茶

薄凉如水的夜色里，
温一壶月光，
融一抹陈香，
透亮的茶汤，
浮着几根银针。
将心种在这茶里，
无需情感的喂养，
只消时光的磨合，
便可开出一朵青莲。
心素如简，人素如茶。
用淡淡的茶香，
洗净俗世铅华。

浮生如斯，轻写流年，

一望无垠的茶林

人生不是眼前的苟且，还有梦和远方。
一望无垠的茶林，
遍地生长的野花，
碧波荡漾的湖水，
穿越风，穿越雨，
穿越抑扬顿挫的诗行，
到了福鼎，你能艳遇的只有白茶。

这里从此就有了我的爱，
有了我现在抓住的一座山峦、一条河流，
和头顶山那片浩荡的光明。
我从此就渴望温暖常绕在身边，
抱着我的腰，抱着我的火焰，
抱着我走开的眼神。

这首茶诗是我为福鼎白茶而量身定制的，写出了我的初心。

与茶邂逅，一生相随。最初接触茶的根由，可追究至唐人元稹一首咏茶的宝塔诗，只用了五十五字，便将茶从最初的原始形态描摹至文人骚客高士禅僧的精行修德。“洗尽古今人不倦，将知醉后岂堪夸”，一语道尽了文人对于茶的钟爱。然而我真正喜欢上这种满载人文地域、历史沧桑的饮品之时，却是福鼎市政府开始打造“福鼎白茶”公共品牌之后。

茶是一段史，是一首诗，没有一定阅历的人品不出其包蕴的厚重，缺少足够德行的人道不尽它深隐的精境。所以有人说，品茶，其实是一种心灵的修行。

生活本没有定义，活出自己的方式，才是至真至美。

有人说，生命里最美好的时光要浪费在最美的事物上，比如，冲泡一壶福鼎白茶。我喜欢这样的时光，像从万花筒里看到了一个斑斓的世界，又在斑斓里静静开出一朵小花，就连灵魂也跟着芳香起来。

喜欢旅行的人，大概是厌倦了大城市的喧嚣与拥挤，于是爱上了巷子深处的炊烟袅袅和雨后的小石板，对于福鼎，我总有一种莫名的情愫，在心头挥之不去，缱绻缠绕。

喝过咖啡也喝过红酒，却独好白茶这一口。这份喜欢，源于故乡情结。与茶结缘，将茶放在心里，好好收藏。

一杯又一杯慢慢品，从新茶到老茶，从传统工艺到新工艺，从中国白茶第一村点头柏柳到江南孔裔第一村管阳西昆，一路喝来，茶香茶韵仿佛生在了骨子里。

每次有朋友来到福鼎，我就迫不及待地用一杯白茶招待，就好像少了这个过程，友人就不曾真正到过福鼎。

中国产茶的地方很多，我想，有茶的地方风景一定会很美。就像福鼎一样，你没到过就不知道她究竟有多美！

有人说福鼎白茶是藏在深山里的"闺秀"，意思就是把她比喻为有才德的女子，有内涵，有韵味。然而，知道福鼎白茶的人却不多，辜负了这

桐江——福鼎母亲河

样的美誉。

产茶的地方有仙气。就拿福鼎这地方来说，山幽水清，气候温润，四季分明。

福鼎这片神奇的土地，少巨石，多土山，深厚、肥沃、酸性的土壤，非常适合茶树的生长。

福鼎的雾，飘逸，婀娜，就像含蓄多情的少女。福鼎的水。清凉，透亮，喝到心里透底的甘甜。福鼎优质的土壤、云雾、山泉，孕育出了福鼎白茶，清雅，润口，香甜，怡人。

从福鼎市点头镇马洋村东南白茶公司出发，沿着省道 973 线，到太姥山是一条弯曲的山区公路，车子一路上盘来盘去，直到大山的深处，我想起了“跃上葱茏四百旋”的诗句，去白茶山的路可谓弯多，据说这路有三百零几道弯。

俗话说“有缘千里来相会”。我与张郑库是有缘的，这种缘源于一种对福鼎白茶的情感。

我曾多次到东南白茶公司采访。福鼎白茶的魅力是无穷的，每次去东南白茶公司都有不同的新感觉。有四次印象极为深刻。

2002 年 11 月，第一次去的时候，张郑库从北京马连道茶业特色街返

作者与茶友考察东南白茶生产基地

东南白茶工厂规划图

乡创业，率先发起成立了东南白茶进出口公司，张天福、骆少君等茶业界名人都来助力。当时的东南白茶公司在白琳寨，一个盛产名叫“福鼎黑”的玄武岩之乡。我到的时候，白琳寨已经入睡，“静”的感受最深。弯弯曲曲的小河穿过白琳寨的心脏，住在国营白琳茶厂的老宿舍里，哗哗的溪水在耳畔唱着轻悠的歌儿，不时的几声蛙鸣，让白琳寨的夜愈静、山更幽，人世间的恩怨、烦恼顿时烟消云散。

第二次到东南白茶公司，“品”得尽兴。2004 年，张郑库研究出一款福鼎白茶深加工产品——冰白茶，喝起来冰冰的、凉凉的，有种冰糖香、薄荷味的感觉。晚上到茶馆里品茶，听茶事，体验茶文化，是一种悠闲的享受。

第三次到东南白茶公司，是 2012 年，适逢公司 10 周年庆暨马洋新厂房落成乔迁，福鼎市茶业协会授予张郑库一项荣誉——“新世纪福鼎白茶第一发起人”。当年的执着获得官方的肯定，这也许是张郑库多彩的茶人生中一笔最大的财富与收获吧！

第四次到东南白茶公司，2017 年 5 月的一天，应时任福鼎市文联主席郑清清之邀，到东南白茶公司品鉴一款 2006 年老白茶。此时，张郑库已获得了福鼎市级“非物质文化遗产福鼎白茶代表性传承人”的称号，率先开启了收徒传艺之善事。

如果要我给天下名茶排个座次，居首的一定是福鼎白茶。在福鼎，最惬意的是享受喝茶的散漫时光，浸润在历史的节点之处，来一场属于自己的修行。

我曾说过，我们能做的事情并不多，很多事是无能为力的，去做你真正热爱的那件事就好了。我要做的，就是为你泡杯茶，让你发现有光的路途。一杯茶里见人心、见人情，此生，我只为持续做一个率性又深情的人，不虚度、不辜负。

在福鼎，似乎处处都有惊喜，每一个惊喜都是一场艳遇，每场艳遇都绕不开白茶的话题。或许是在茶香袅袅漫着沧桑的屋檐下，或许是在一曳梵铃摇落的古寺里，或许是在雨滴盈睫的回眸中，或许是在一幅扯情缝缘的畲绣中……可是，诗情画意，都不够用来形容我所遇到的美丽的你——福鼎白茶。

一城山色，满城茶香

福鼎白茶，
饱含着淡泊、悠远、宁静，
得天地之灵气，聚日月之光华，
让茶叶的美，抚过佳人的手心，
浸入水之波，于琥珀玛瑙流香之间，
呈现优雅、飘逸之美。

福鼎白茶，
有着翡翠碧玉之绿，
有着红裙翠袖之颜，
让一种赏心悦目，感染我们的心扉。

福鼎长歌浮雕墙

茶韵、茶艺、茶道、茶缘、茶禅……
无不透着宁静致远、和谐安宁。
白茶之美，美在天地人和之融，
美在君子之交，美在富有人生哲理。

福鼎白茶，
有如宋词，让文人墨客各述风雅，
品之仿如晨雾云霞，闻之仿如清风晴岚。
在幽林曲涧中，寻找淡然、宁静的味道。
那份细腻的味觉，
让清新优雅荡入你的心间。

福鼎，是个极有福气的名字。福建有不少带“福”字的地名，省城福州就自称有福之州。“鼎”有“显赫，盛大”之意，“福鼎”所拥有的便是一种大福气了。

福鼎位于福建东北部，与浙江温州毗邻，是闽东南通往浙江乃至长江三角洲的“北大门”。奇山秀水和滨海岛屿构成了福鼎独具特色的自然旅游资源。福鼎盛产茶，陆羽《茶经》中说“永嘉县东（“东”应为“南”）三百里有白茶山”，这个类似于《山海经》的描述，说的就是福鼎的太姥山。

第一次到太姥山，时值雨季，太姥山中的奇峰怪石都隐藏在了缥缈的雨雾中。大家的心中不免有些失落。这时导游建议：“看不清太姥的山，就用太姥丹井山的泉水泡白茶喝吧。”聊着聊着，这位导游神秘兮兮地拿出一小撮外表毛茸茸的茶叶。外表看起来并不起眼的茶叶经沸水冲泡，在玻璃杯中舒展开来，三浮三沉，一根根竖立着，一半漂浮在水面，一半渐渐沉到杯底。朋友介绍说这就是福鼎白茶的上品——白毫银针。自古名山出名茶，有这样的好山好水，喝着这样的好茶，太姥山初游无憾。

远离故乡的日子，只要稍有闲暇，便静心独坐，撮些许带自故乡的白毫银针，放入杯中，沏一杯香茗。片刻，打开杯盖，斗室内茶香弥漫，宛如回到了故乡春日里的茶山。袅袅升腾的水汽氤氲，更似萦绕在我心头那浓浓的乡愁。

记忆中的故乡，总是典雅温婉风流缠绵，总是烟雨迷离富庶妖娆：那百转千回的乡间小道，流水潺潺的路旁小溪，丹青水墨般的绵延山峦，那葱茏滴翠的远山茶园，以及背着竹篓披着红斗篷婀娜曼妙的采茶姑娘。仿佛从他乡游子的梦呓中醒来，从抑扬平仄的诗词中醒来，空灵缥缈，了无尘俗。

饮一口香茗，茶汤在口中回旋，虽是齿颊留香，但那幽幽的清苦却如旅人恋乡的心境。“难得浮生半日闲”，至于尘世的烦嚣，终于可以暂抛脑后。只是乡愁愈浓，乡恋愈深。

乡愁中最沉重的是老母亲的泪眼，“慈母手中线，游子身上衣。临行密密缝，意恐迟迟归。谁言寸草心，报得三春晖”。这沁入骨血的亲情总是让世上任何一种感情黯然失色。喝一口母亲亲手做的白茶，眼里总会浮现幼时承欢膝下时的甜蜜，只是嘴里白茶的苦涩味似乎又浓了一些。

很小的时候我就接触了茶，不是品茶，而是当做玩乐之余的饮料，年纪尚小，不懂茶事，茶道，只有一番牛饮。每日清晨，早起的母亲都会煮好一壶开水用来泡白茶，这似乎成为了她的习惯，几十年如一日。

春季，我喜欢去乡间看茶。阡陌纵横，细雨斜风，古村苍旧，沿途景色如画。一日从峰峦间下来，饥肠如鼓，眼冒金星。一老太太看我们狼狈，留在她家小憩，煮腊肉、下挂面给我们“打尖”。饭罢捧茶来饮，异香盈室，清风灌喉。老太太说，这茶，宋元明清的皇帝爱喝，英国女王也爱喝，还送给俄罗斯、美国的高官品尝哩，听罢肃然。临别，老太太赠我一小包茶叶，我坚拒。这么贵重的礼物，断不敢轻易收受。

陈年银针

原来的乡野，有“奉茶”的习俗。村道蜿蜒处多小小的亭子，一副石桌，围一圈小石凳。桌上放着粗糙的茶壶，壶中茶水供过路人牛饮或小酌，分文不收。而今驿路茶亭了无踪迹，路边多了些“农家乐”，吃罢店主推荐的土菜，会有一大杯茶水送上来，绿意袅袅，香气氤氲，小呷之时，常能听到鸟叫或是鸡鸣，让人心头安静。

我小的时候，家中只卖茶草，并不制茶。头天摘的茶叶，晾在竹匾里，一夜香气不绝如缕。鸡叫头遍，母亲喊醒梦中的我，陪她去镇上卖茶草。东方未亮，草木醇香，途中路遇之人，多是卖茶的、卖菜的、卖柴的。镇上的茶贩子，提着马灯，别着小秤，咋咋呼呼地吆喝着。卖完茶，母亲会去油条店买根油条让我吃，而她径直去店里的水缸舀碗凉水喝。

如今，我居城市，除了空中一套按揭的房子，再无寸土立锥。无茶可种，无茶可奉，但我爱写茶喝茶。有人说，现在写诗的比读诗的人多，写茶的比喝茶的人多。我听了，笑，这样不好么？

“竹下忘言对紫茶，全胜羽客醉流霞。尘心洗尽兴难尽，一树蝉声片影斜。”三五同道闲坐茶楼，观窗外美景，聊快乐之事，沏一壶香茗上桌，斟满面前的紫砂小盅，茶香扑面而来，口舌生津，未饮先醉。茶性与人性相通，茶品与人品相合。

“从来佳茗似佳人”，盈绿的青春，妩媚的笑靥，却甘心把万般柔肠、一身春色默默收拢，无怨无悔。像杯中的茶，在火烹水煎中，方舒展娥

采茶阿婆

采茶姑娘

眉，含笑起舞。幻化着山水的宁静和淡泊，诉说着生命的沉重和轻盈，萌动着爱恋的执着和深沉。

乡愁如茶，这茶亦如人生。吸天地之灵气，采日月之精华，在自己生命最为灿烂的时候，离开哺育自己的生命之树，经历了晒青、萎凋、烘焙等诸多磨难后，蜷曲着身体，紧敛着昔日的美丽，为的是能留住自身的芳香。直到有一天，邂逅一杯沸水，承受一番凤凰涅槃般的洗礼后，终于得以再将自己曾经风华绝代的美丽展现，用力一吐最后的芬芳。于是我把这隐隐作痛的乡愁攥着，紧紧攥着。

当我的心迹踩在蜿蜒曲折的山间小道上，当我的思绪飘落在村口娉婷而来采茶姑娘的红斗篷上，当我的呼吸融进小山村温润的气息和诱人的茶香，当我的心灵暂别古筝独奏般的万壑千山，我便再也忍不住泪眼潸然，何时才能回到魂牵梦绕的故乡？

茶中有人心，一碗见人情。我会像父母亲一样，爱茶，敬茶，奉茶，把福鼎白茶，把茶，把家乡烙在心里，这是茶乡每个家庭爱的传承，一种难以磨灭的传承，是我们心中那份浓浓的乡愁。

一个写散文的老乡在离开福鼎时写道：“独在异乡为异客，一杯白茶解千愁。”而我看到的是一片片鲜绿的叶子，它们在阳光里均匀地呼吸，在海风中恣意地飞翔，它们是绿色的梦，被采摘，萎凋，烘焙，自然氧化，直到最后被冲泡，静静地走过它们的时光，留给我们一生的回味和甘甜。

白茶山迷踪

错过了清明，再错过谷雨，印象里关于白茶山的那份精华，惟余擦肩而过的遗憾。

所以，在暑气蒸蒸的六月，逃离城市的喧哗，潜入翡翠一般娇娆欲滴的白茶山，已经淡然的是对茶的奢望，无以拒绝的，当然是漫山遍野的绿。可以想象，那样的召唤，一定别样的清凉，别样的柔软。

六月天，本应香香暖暖的。可是，白茶山的六月天，雨后初霁，竟乍暖还寒。窗外，青山生碧，绿水浮烟，更有田畴老屋，牛犊羊群，瓜棚花架，青梅生桃，若隐若现。

诗人好还乡，乡关情切切。如此近距离地，冒冒失失地，在白茶山的山山坳坳里撒野，不免一番心虚，一番怯意，恍恍惚惚间，竟醉了。

迷醉，沉沉，沉沉的，却在憩息茶园的那一刻——

鸿雪洞，是我们抵达的第一站。环环绕绕的是茶山，层层叠叠的是茶

太姥山生态茶园，《茶，一片树叶的故事》外景地

树，起起伏伏的是茶绿。山之顶尖，树之比肩，绿之心眼，平平展展的，是一片有机茶园，约 3 亩，距离福鼎的白茶古树“绿雪芽”仅几百米。据介绍，这是一片瓦禅寺的茶园，央视《茶，一片树叶的故事》外景地之一。

爬到山顶，竟见天空灰灰蒙蒙，细雨洋洋洒洒。瞬间，空气湿漉漉的，黏乎乎的，随手一抓，似乎水汽在滋滋有声地冒泡。距白茶山数百米开外的，或山坡，或小路，或树丛，一丁点雨丝都泼不进，抓不着。百米不同天，这种小气候的典型性，非身临其境，断难有感受。

从来佳茗似佳人。在茶的“大观园”里，白茶便应该是妙玉了——容颜清冷，身世离奇，遗世独立，自成格局。多少年来，福鼎白茶遐迩闻名，但是，却很少有人知道，这种香气清雅、口味独特，甚至还有神奇药用功效的茶叶背后，隐藏着许多或传奇、或神秘的故事。

“谈茶必陆”，似乎已约定成俗。所以，查找白茶的历史，首先要做的事，就是翻阅陆羽的《茶经》。

可是，整本书从头到尾，只有短短一句：“永嘉县东三百里有白茶山。”至于白茶山的地貌风光、白茶的工艺口感，则一概不明。而且这一句话还不是陆羽原创，而是他从隋唐时期一本叫《永嘉图经》的永嘉（温州）地方志上抄来的——大多数人印象里谈茶论汤头头是道的陆茶圣，在白茶方

面居然是一只“菜鸟”，甘当二道贩子，真是奇闻！是因为交通阻隔，无缘到访？还是因为产量太少，无法品鉴？已成佚史。

更诡异的是，这个“永嘉县东三百里”，居然是一个虚无缥缈之地。

史书记载，自从东晋撤章安郡、改永嘉县之后，直到清末，县治一直没有改变。《茶经》所说的永嘉县，就是今天的温州鹿城区。

但参阅地图，不由让人大吃一惊，温州以东 100 里左右，只有玉环岛等岛屿，再往东，就是茫茫东海——玉环的文旦柚享有盛誉，但从来没听说过出产名茶，而且距离也不符合记载。

有人猜测，白茶山是不是指温州东南方的苍南鹤顶山茶场？但这种猜测显然疏漏不少，首先温州到苍南的路程约有 130 公里，若是按以前的古道的里程来算的话，也不到 300 里之数；其次鹤顶山位于温州东南方；最重要的是，那里盛产雁荡毛峰等绿茶，压根不是白茶。

在没有合理解释的情况下，文人们的想像力被激发出来：或许辽阔的东海海底，真有一座曾经种满了白茶仙草的高山。

这是真的吗？历史地理学泰斗陈桥驿的回答是：绝无可能。

陈桥驿说，浙江沿海历史上确实经历过几次海进海退，海退时人类确实迁徙到更低处生产生活。但最近的一次海退发生在新石器时代，陆羽生活的 1000 多年前的唐朝，根本不可能发生。

雾锁太姥山九鲤湖

继续追索，发现茶学大师陈椽教授在《茶业通史》中给出了解答："永嘉县东三百里是海，是南三百里之误。"没错，温州以南三百多里，正是以大白茶闻名的福鼎；而传说中美丽的白茶山，正是兀立东海之滨的太姥山。

这一刻，站在白茶山之巅，放眼眺望，远远近近，仿佛茶绿匍匐，漾起一圈圈涟漪，就像千军万马，前仆后继，奔腾跳跃。

实话实说，靠茶吃饭，我们最不能忘记的应该是茶圣陆羽。一部《茶经》，助推茶叶由饮的常态，噼里啪啦地蹿升到品的高度。但是，眼下的龙井、大红袍、铁观音、普洱茶，大有炒作太过的苗头，片片茶叶，身不由己地从品饮之常态异化为乱市之癫狂。

君不见，假借历史上的皇帝、僧人、高官巨贾说事，莫不鼓捣漫天飞的茶叶传奇。于是，眉来眼去之间，茶叶，被推手簇拥着角逐着别离树枝，在"砖"家吹拉弹唱中花容失色，甚至失守节操。今天，即便是龙井村的"龙井"，武夷山桐木关的"金骏眉"，哪怕是使用原产地地理标志的，也未必道地。茶青，既然可以移花接木；工艺，又何必地地道道？当然，不变的，只有"龙井""金骏眉""铁观音"等中文符号。不是秘密的秘密，明眼人都知道。这，绝非道听途说，而是"讳疾忌医"的历史典故在现代茶市演绎的翻版戏。

那么，福鼎白茶呢？在生机勃勃、欣欣向荣的背后，尚能依稀可觅"福鼎白茶"的声色真相否？

所幸，走南闯北的"新世纪福鼎白茶第一发起人"张郑库先生为我们解答疑惑：从市场的角度看，产品离不开求新求变，切忌"一味到底"，于是，外地白茶假冒福鼎白茶出现了。但是，福鼎茶人在坚守福鼎白茶工艺传统性的同时，善于向传统学习，用创新手法赋予传统产品以时代特征，使之在更高站位上把传统产品导向高精尖的层面。比如，东南白茶从创立之初，就致力于产品创新，结合中医药学的理论和养生方法，科学添加了药食同源的薄荷，研发了福鼎白茶衍生产品——冰白茶，饮后有冰爽可口的美感，使其内涵更丰富。冰白茶检测结果显示氨基酸、类黄酮等物质显著提升。

探索，是艰辛的，也是痛苦的。面对茶市的杂乱无序，探索显得更艰辛，更痛苦。现阶段，从表层上看，福鼎白茶产业坚守传统制作工艺是很成功了，个性的打造也到了一个新的层面，甚至有部分产品完全坚持日光萎凋传统制式，可以说是对传统的传承与发扬。但，透视现象，考量本末，你一定可以悟到静、清、和、雅的茶文化特质，已经深深地融合于外在的现代形质之下。

简言之，以静制动，还得以一变应万变。譬如，一年一届的“福鼎白茶开茶节”“福鼎白茶民间斗茶赛”“福鼎白茶传统制作工艺大师赛”，福鼎茶人在高山之巅吆喝茶经，在白云之下品茶斗茶，在标准化的厂房里比传统技艺……一切为了回归自然，回归生态。

一席话，高屋建瓴。诚然，高山，有高人，高明，高见。

中午，趁兴到镇区农家乐饭庄吃饭。午饭除了清明时节寻常可见的野菜、苦笋，还有原滋原味的土鸡、土鸭、山猪。最让我们感动的是每人面前一杯荒野白茶，映着窗前的云淡风轻，漾着山里的碧里透青。

香香暖暖的六月天，白茶山的精华——白茶，果然，别样的对味，别样的爽口。

这一杯白茶里，浸润着福鼎山里人的纯朴和自然；

这一杯白茶里，浸透着福鼎山里老人们近乎一年的生计和希望；

这一杯白茶里，有着最纯净的灵魂和对茶树的热爱；

确认过眼神，相信你会喜欢这最醇厚的味道！

不简单的山里人，不简单的头道茶，还有我们不一样的感叹——英雄竞太姥，妖娆茶时光。

履足福鼎，一则饱览山水之胜、山海大观，二则于山水之胜中找寻访茶的踪迹，这不仅是一举两得，更重要的是能在山水与茶之间寻找到某种精神上的关联，这才是福鼎白茶所包含的自然信息。

一杯好白茶，来之不易。

我愿用好白茶，换你岁月静好。

旧时余韵：这里有茶叶江山，更有家国情怀

关于茶，原先我没什么特别的感觉，茶色或深或浅，茶味或酽或淡，都不过是各人习惯不同而已，于我仅是满足本能的解渴需求。然而，我又较早地意识到了茶水里融化着一份情怀，无论茶水冰凉还是滚烫，进口，入喉，一种感念由心缓缓走向全身。这种感觉，最初来自一次喝完茶水后被羞辱的愕然和委屈。当然，开始没那么清晰，后来才慢慢地加深和真切。

幼年的日子，我们这些野孩子常常玩得满脸满手都是泥灰，口渴了，手不洗脸不擦，无论钻进谁家，直接动手翻茶罐倒水喝。那罐子多半是旧的，盖在罐口上的茶碗也很旧，

杜家堡古村落

乡野采茶归来

有些主妇还啰嗦，要我们小心点，别摔破了茶碗，或者让她来。我们讨厌她的唠叨，端起碗，脖子一仰，咕咚咕咚一口气喝完，抬手拿衣袖一抹嘴巴，一溜烟出门而去，连声“谢”都不说。那茶我们叫凉茶，不仅仅因为凉，还因为有些茶水不是用茶叶而是用某些草药沏泡的，能解渴，还能解毒消暑。

那时我们对城市的向往比口渴想喝水还强烈，大人们嘴里勾勒出的县城几乎就是天堂。而下乡来走亲戚的城里孩子，他们的口音、举止、见识，相比之下，我们落后得有点儿抬不起头。没想到，我的向往居然很快得以实现。以往父母进城都不许我跟班，嫌我碍事。这次要在一个远房亲戚那里借住几天，时间充裕，答应带上我。

我被城里街边密集的店铺、琳琅的商品、旺盛的人气惊呆了，根本分不清东西南北，紧紧拉着母亲的手，生怕走丢。然而我又很勇敢，到了亲戚家里，就在他家门前的弄堂里往两头摸索，尽可能把城里的新鲜与美好装入眼睛。我的努力没有白费，终于有了一个重大发现：城里竟然还有人家装凉茶不用瓦罐，也不放在屋子里，而是用玻璃杯一杯一杯盛着，摆在门前的小桌子上，上面盖着一张玻璃板。杯里没有茶叶也没有草药，只有清澈淡黄的水，格外诱人。这样的豪华架势，让我这个只用旧碗喝茶的孩子胸中升起一片飞跃的心怀，我想象得出伙伴们听我用玻璃杯喝茶时那种崇拜的眼神。我没用过玻璃杯，事实上，我们谁家都没有玻璃杯，那是贵重物品，只在公家见过。我十二分钦佩城里人想得周到，似乎就是为了了却我早就想用玻璃杯喝茶的那份心愿。我很认真地审视了一下自己，手上没有泥灰，身上的衣服有点厚，却是过年的新衣，典型的小客人装扮。这是我第一次进城，我非常主动地对茶桌后面那个妇人小声说："奶奶，我喝茶。"那妇人虽然面无表情，却轻轻揭起玻璃板，递给我一杯。我捧着杯子，那种凉爽与光滑的手感使我的小手微微颤抖，生怕它掉落。我很小心地抿了一口，茶汤没什么特别，不如老家的味浓，而我已喝足了茶水之外的那份惬意。

当我还了玻璃杯心满意足刚要走时，奶奶伸手跟我要钱。我一下子傻了，喝凉茶还要钱？我哪有钱呀！老奶奶一把抓住我，凶凶地说，哪来的乡巴佬，没钱也来喝茶。我走不脱，恐惧与屈辱吓得我大哭起来。

母亲用两分钱将我赎回。羞怯如影随形，我在亲戚家里不敢抬头，恨不得早点回到山的深处，城市给我的印象因此恶劣。老家的茶，不管凉的热的，喝多少都行，没见过要给钱的。后来我对瓦罐里的茶水有了一种亲切的感觉，对那些唠叨的女人不再厌烦，喝茶先叫一声阿姨或婶婶。我的变化得到了她们说我"懂事"的赞誉，说我去城里住几天就像城里人。这种赞许连同茶水送入口中，立时变成一丝暖暖的甜蜜与温情。她们不知道，我进城最大的收获是改变了对城里人的看法，并讨厌他们。这个懂事的代价，是我心里永远压着的一个秘密。

第一次正儿八经喝热茶是随父亲去一个村庄。和大人们平坐一起有模有样地喝茶，我多少有点受宠若惊，我也学他们慢慢吹散茶的热气，轻轻啜饮，吱吱作响，一下子有了长大的感觉。奶奶说，家里来了人，是客不是客，都要泡碗茶。喝茶不能喝一道，至少要三道。我记住了奶奶的话，坐在八仙桌旁，尽管不口渴，也一直安静得不曾离开。别人说茶叶好，我不知好在哪里，只好看着茶碗消磨时光。那户人家讲究，茶碗清一色用青花瓷，不大不小的那种，白底蓝花，很漂亮，使普通的粗茶平添了一层富丽的色彩。

以茶待客给我印象最深的，还是去一个亲戚家喝喜酒。他们村夜晚闹新房很特别，大堂上拼几张饭桌，挤挤挨挨围着几十人，要新娘子泡茶。那时候很少有暖水瓶，烧茶不那么方便，这么多人得用几把银壶同时烧。新娘提一壶开水不够一轮，那些没泡上的就起哄，急得新娘一路小跑。这边刚泡好，那边喝完了又呼叫。添水，烧水，泡茶，续茶，有人离去又不时有人加入进来，新娘忙得不亦乐乎。如何应对这种乱纷纷的场面，便是众乡亲对新媳妇善意的考验。新生活从茶开始，如果哪位新媳妇敢用没有烧开的水泡茶冲茶，估计人品问题能影响她好几年。

我发现热茶有平息怒火的功效。一次几个伙伴玩着，不知怎么吵起来，然后有一个头破血流。挨打的家人来到打人的家里，怒气冲冲，非要赔偿什么的。打了人的不服，说挨打的孩子先骂人。这么吵着聚拢来围观的人很多。打人者的母亲端过几碗茶，说，他叔他婶你们先喝口茶，都是孩子没教好不懂事，我陪你们去医院看看。这么说着围观的人就开始解围，孩子们打打闹闹免不了，知道错了就行，以后别再打人就是了。于是又有人趁机蘸些茶油往肿包和伤口边上抹。责难一方的口气开始缓和，接了茶喝，聊起其他的事，任由那个倒霉蛋在一边抽泣。如果自己能对付的事非要人家掏钱上医院，茶也不接，那他的形象与口碑在街坊里都将大打折扣。暴戾与平和，就这样在茶香袅袅中转化。

凉凉热热的茶水无意中将我的少年生活一点一点浸润，它不但解了我生理上的渴，也解他人的渴，更解社会之渴，让那个物质匮乏的年代因茶而弥漫丝丝柔情。我不知道茶的需求是否因此而增，早先每户人家不过几棵老茶树，后来慢慢扩展成一片新茶园，采茶晒茶成了农家不可或缺的农事。

当双臂有足够力量的时候，我学会了用竹篾晒茶。故乡的白茶制作时不炒不揉，不仅自家晒茶要用竹篾，别人家也要竹篾。晒茶的时候，竹篾架子旁少不了几个姑娘，她们白天采茶，我们小伙子栽秧，夜晚制茶就成了我们在她们跟前大显身手的绝好机会。姑娘们身段好，笑声甜，她们的歌声动听。那年代有一首歌特好听，叫《采茶舞曲》，好像什么演出都少不了这个曲目，百听不厌。我记得最清楚的歌词是“好比那两只公鸡啄米上又下”，然后女演员们两只手变换着动作很自然做着采摘茶芽的样子，着实令人痴迷。优美的旋律冲击着我的耳膜，年轻的心澎湃激荡。晒茶其实不是好差事，姑娘们很少动手。因为那双浸透了茶汁的手，第二天在水田里一泡，两只手掌便紫黑得如同魔怪。姑娘们免不了也要下田，即便做家务，与铁器接触，同样显黑，实在有碍观瞻。我们用一双因晾茶而黑的手，在水田里栽秧，播种希望，同时又一家一家去晒茶，替代姑娘们的细小巧手，有一种担当的豪迈，在彼此交接的眼波中播种爱情，期望金黄的秋天有一个好收成。

有意思的是，当我真正跻身县城的时候，县城早已不是当年的县城，它长大了，更长高了，不管是大街还是里弄，都看不到那种卖茶的摊子，许多许多茶馆的招牌在夜色中闪闪发亮。我对喝茶要钱不再反感，留在幼小心灵的那道伤疤早已抹平，完全认同茶的商品属性。我想，只有更多的人像那个老妇人一样卖茶，我们的生活品质才会提高更快。我对茶的认识不再停留在邻里之间，无论广度还是深度都宽厚得多。朋友们一起喝茶，可以随意，也可以

农家晒茶

放歌茶山，期待丰收

讲究。喝茶不因口渴，更注重营造一种氛围，便于探讨一些话题。饮茶的历史，茶经的论述，茶与历代名人，茶的品种与品味，茶与宗教及文学的关系，包括各式茶具对饮茶的影响，思想在茶香中得到开释与升华。茶如人生也好，人生若茶也罢，茶在生活中的比重非常大。俗话说，开门七件事，柴米油盐酱醋茶，若从现在的日常生活消费关注度来考量，茶基本已经跃升为第一位。不过我的思绪还常飞回山水之间，田野之上，品味瓦罐中倒出来的味道。下乡时，如果在农家还能巧遇那种古董似的喝茶方式，我必定喝一杯那远去的凉茶，不仅仅是怀旧，似乎还有一个声音在低沉回旋。

回旋的往事里，有一幕永远烙进我的脑海。一个老乞丐，衣衫褴褛，蓬头垢面。奶奶给他一把米，他收入袋中，站在门口并未离去，问，能不能给一碗茶？奶奶又给他一碗凉茶，他喝了，说，菩萨保佑好人平安发财！他的嘴巴张张合合，将沾在胡子上的水珠抖落，然后转身慢慢离去，微微驼着背，步履蹒跚。我怪奶奶怎么给乞丐茶喝，把碗弄脏了。奶奶说，碗脏了可以洗，乞丐如果喝水得病，会死的。乞丐也是人呢。

“乞丐也是人呢。”这个声音后来常常会从某个角落飘出来，提醒我给那些最贫困的人一杯茶水。有时候我从茶中看到悲悯，就是被这个声音刺疼某个器官最柔软的地方。从喝凉茶到如今的功夫茶，从旧碗到如今的专用茶具，不管你喝的是白茶红茶，抑或绿茶黑茶，也不管你是一介平民，还是富贾权贵，你与茶结缘，豪饮浅尝，都会在唇齿间品咂出生活的酸甜苦辣。茶再怎么发展，它的本质都应该是情怀。将人与人黏合，将痛苦减轻，将幸福扩展。纵然茶事流派多多，却能几千年传承光大，或许有这个缘由吧。

远望家山盼归来

南方有嘉木：福鼎白茶的来历

太姥山，是个连空气中都散发茶香的地方。这里的山、水、人都和茶有着丝丝缕缕的联系，就好像形成了一条茶叶生态链条，而茶人，同样是这条生态链上不可或缺的一环。是他们用自己对茶的了解、用自己爱茶的一双手，点化了福鼎白茶和喝茶的人。

“上山拜太姥，下海求妈祖。”走进太姥山，首先映入眼帘的是群峰簇拥着的花岗岩太姥娘娘像，高约 20 米，是迄今为止福建省内最高的石雕像。

名山出名茶，一段福鼎白茶的传说流传至今。

太姥娘娘本是住在太姥山下的一个村姑，名叫蓝姑，心地善良，乐于助人。那时流行麻疹，因为无药可治，人们无计可施，许多孩子因此夭折。看到失去孩子的父母们终日以泪洗面，蓝姑心如刀绞，经过她不懈的努力，有一天终于在太姥山鸿雪洞的荒草丛中发现了一株与众不同的茶树。蓝姑为之锄草、培土、用鸿雪洞口的丹井水浇灌，直到茶树长出了莹碧的芽叶，再将它们制成绿雪芽茶让患儿饮用，挽救了无数孩子的生命。有功于民的人总会被老百姓铭记于心并代代相传，蓝姑也从一个平凡的女子变成了一个受人景仰的女神，人们供奉她为太母，山也因此得名太母山。汉武帝时，东方朔授封天下名山，太母山被封为天下三十六名山之首，并正式改名为太姥山。

从云标亭往左，穿过一线天，便是绿雪芽老茶树所在的一片瓦景区，也就是太姥娘塔所在地。塔建于唐朝，塔后是太姥娘娘殿，供奉着太姥娘娘汉白玉雕像。

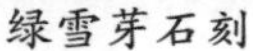
绿雪芽石刻

公祭大白茶始祖绿雪芽

绿雪芽茶树就生长在太姥娘塔旁的石缝中，岩石上有书法家启功题刻的“绿雪芽”三字。绿雪芽茶树是福鼎大白茶的母株，而白毫银针创制于福鼎大白茶树。茶种千年遗落，茶树代代生息。树高6米多，目前仍然每年发芽抽枝，相传福鼎的茶都是由此繁衍而来的。2004年6月，福鼎市在太姥山一片瓦举行了公祭绿雪芽古茶树的仪式。

“闻道郑渔仲，品泉蓝水涯。可曾到此洞，一试绿雪芽？”在绿雪芽茶树旁的鸿雪洞喝一杯用丹井水泡的野生白茶，是人生一大幸事。鸿雪洞口的丹井相传是太姥娘娘的炼丹处。据说喝了丹井之水，可消百病之灾。鸿雪洞长800多米，连接着一片瓦和通天洞。洞表叠石衔而不坠，洞内云气飘忽，漫来荡去。洞中道路盘上盘下，愈入愈幽，时而漆黑一处，时而辉煌一片，窄处仅一人夹缝求生，宽处容百人憩息谈笑，加上洞中流泉轻吟，俨然世外桃源。

福鼎茶农们口口相传至今的福鼎白茶的传说，说明从上古时代人们就发现白茶有很高的药用价值。著名作家、王宏甲教授在《中国有个三都澳》一文中写道：“我以为晒干收藏之白茶是中国茶的祖先，四千多年前的蓝姑岂不是中国茶饮的创始人！把茶的药用引入民间生活最终成为茶饮，舍福鼎‘蓝姑娘——太姥娘娘’，还有谁！我期盼宁德福鼎人有一天在巨大的太姥娘娘雕像下庄严地刻上：人类茶之母。这已然是传承了四千多年的非物质文化遗产。”

剥去传说的神话外壳，从而获得传说所承载的太姥山先民在生产生活方面与茶相关联的真实信息。西安古墓发现白茶，不仅使中国茶文化悠久历史再一次得到印证，也有力佐证了近年来有关方面对福鼎白茶的考古发现。

在 2009 年，一支陕西省考古队在对吕氏家族墓的发掘中，其中一个铜质的渣斗引起了考古工作者的注意。虽然当时还不知道它的具体称呼，但渣斗上附着的茶叶让大家感到非常新奇。打开以后，考古工作者惊讶地发现，它的器壁上附着有茶叶的痕迹，而且渣斗里头也有茶叶的痕迹，它的边缘上还有残茶流淌的痕迹。经过对比后专家认为，这些茶叶是产自福建的珍贵白茶，在当时是少之又少的。

著名茶文化学者舒曼先生认为，打开福鼎白茶整个文化脉络的大门进行梳理，有关大白茶和大毫茶的“发源地”研究，即所谓柏柳村和汪家洋村的“发源地”现象，是没有唯一性可言，也没有”舍我其谁”的定论，其个体村落难以指认明晰线路，这只能代表一个时期的文化和历史含量，它们与太姥山的茶文化历史永远是息息相关的。而对于整个太姥山茶文化历史研究进展，今后也许还会出现其他传承之源，但这并不妨碍已有传承人的历史地位与制茶业绩。

上古时代人们保存白茶的方法也是今天传统白茶所延续的制茶工艺，据《福建地方志》和现代著名茶叶专家张天福教授《福建白茶的调查研究》中记载，白茶早先由福鼎创制于清嘉庆初年（1796 年），福鼎用本地菜茶茶树的壮芽为原料创制白毫银针（小白）；约在咸丰六年（1857 年），福鼎选育出福鼎大白茶（华茶 1 号）和福鼎大白毫（华茶 2 号）茶树良种后，于光绪十二年（1885 年）福鼎茶人开始改用福鼎大白茶、福鼎大白毫的壮芽为原料加工白毫银针（大白），由于福鼎大白茶、福鼎大白毫芽壮、毫多、香显，所制白毫银针外形、品质远远优于菜茶，出口价高于原菜茶加工的银针（后来称“土针”）10 多倍，约在 1860 年“土针”逐渐退出白毫银针的历史舞台。

从 1885 年开始用福鼎大白茶、福鼎大白毫制银针后，1891 年开始外销，在 1910 年左右，福鼎有白琳工夫红茶出口，白茶常被茶商撒于红茶的表面上装箱出口，到了 1912 年茶商把红茶与白茶分装，白毫银针则变成单独的商品，1912–1916 年为白茶出口极盛时期，1917–1921 年受欧洲第一次世界大战的影响，销路一落千丈，直至 1934 年起白茶产销才开始逐渐好转，从福鼎市县志上看，在 1937 年白茶有少量的出口，“二、五大斗上等白毫银针，木箱封闭民船运输，由福州外运出口”。

1968 年，为了满足外销要求，提高白茶的茶汤浓度，国营福鼎白琳茶厂创造了白茶的新工艺制法，称“新工艺白茶”，又称“新白茶”或“金玉兰”，其主要工艺技术特点是将萎凋后的茶叶进行短时、轻微快速揉捻，然后迅速烘干，生产出的新工艺白茶条索更紧结、汤色加深、浓度提高。

1984 年，（原）农业部命名福鼎大白茶为“华茶 1 号”。据《中国茶树品种志》描述：福鼎大白茶：又名白毛茶，简称福大。无性系。小乔木型，中叶类，早生种。产地及分布：原产于福鼎市点头镇柏柳村，已有 100 多年栽培史。主要分布在福建东北部茶区。

现在，福鼎白茶主产区是福鼎、白琳、点头、太姥山（原秦屿镇）等地，主要茶树品种是福鼎大白茶、福鼎大毫茶。国家已认定福鼎白茶保护区域为：福鼎市行政区域内东经 119° 55′ 至 120° 43′ 、北纬 26° 55′ 至 27° 26′ 的 17 个乡镇开发区。

2005 年以来，福鼎市先后被国家林业局、中国茶叶学会、中国国际茶文化研究会命名为“中国白茶之乡”“中国名茶之乡”“中国茶文化之乡”。

福鼎先人把白茶当成具有灵性的生命体，在一道道工序中完成茶的涅槃。而同样在福鼎茶香中浸润长大的新茶人，对于茶有着新的认知和感悟。在儒释道三教同山的太姥山下，这些茶人们坚守传统，本分诚信，如茶般拥有独特的魅力。

海上仙都太姥山：所有爱茶的人，都应该来这里朝圣

中国是茶的发祥地，被誉为“茶的故乡”，中华民族的人文历史中处处弥漫着缕缕茶香。茶文化博大精深，源远流长，已成为中华灿烂文化的重要组成部分。

自上古时代，中华民族的人文始祖炎帝神农氏亲尝百草时起，茶已随着人类文明源远流长的脉络留下了千年的足迹，它与文人士子、空门僧人、道家弟子结下了不解之缘。对于诗人墨客，它是吟咏抒怀、激发灵感的催化剂；对于空门僧人，它是修习禅定、持戒三昧的清心剂；对于道家弟子，它是修真悟道、超脱羽化的逍遥散。它把以儒、道、释为主的中国文化有机联系在一起，使得人们在茶余饭后可以论古说今、修心养性，让浮躁、虚妄的精神世界有了可以暂得放松安定的港湾。

白云寺

白云寺摩霄庵

云雾深处白云寺

从国兴寺徒步，途经一片瓦、鸿雪洞，到白云寺，沿路只见郁郁葱葱的林间峡谷、峰林岩洞全被太姥山中飘忽不定的云雾所笼罩。面对这座历史悠久、万人朝拜的千年古刹白云寺，我从尘寰中带来的杂念和狂妄，顿时像淋过一场涤荡身心的甘雨，留在心底的只有空蒙、静谧，顷刻动荡的心变得平静。我想，大概佛门是需要让人以这种平常的心态来朝拜它的吧。

好似惊奇的事物总是于人静下心的时候出现。这时，在茂林稀疏之处、纵横交错的沟壑之间空出了缺口，好像是仙家窥探人间的通道，于荫翳的丛林下隐隐约约显露出了安详生长的茶园的踪影。

白云寺师父说，这便是名闻遐迩的福鼎大白茶野生茶树“绿雪芽”。我既欣喜于它能现身让人有幸得以一瞥，又惊叹于它潜心隐居的生态环境。可以看出，它是多么独具匠心，多么超凡脱俗。它实在很会挑选位置，在秀甲天下的太姥山中定居，与云雾为伴，与佛门为邻。

拜谒罢名不虚传的白云寺，我们最想品尝名副其实的白茶禅茶。在一座用竹子简易搭建的茶舍里，我们一行团团围在十人一桌的圆木桌旁，随

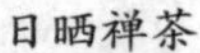
日晒禅茶

意地就在竹篾编制的小椅上，鼻子里充盈着百丈檀木散发的阵阵幽香，耳听着普贤禅院祈诵的极乐清音，我们丝毫没有感觉到竹椅身后背靠的竟然是深不见底、云海茫茫的峰峦沟壑，唯有这颗躁动不安的心在等待一杯颇有仙风道骨、清新脱俗的天然有机茶。

少时，一位中年妇人给一个透明的茶壶盛满滚烫的开水，接着从装在大塑料袋的茶叶中顺手抓了半把放进冒着蒸汽的茶壶里。不消片刻，那些细长鲜嫩的茶叶立即舒展开了它窈窕柔软的身躯，翻滚、沉浮、绽放，无私地释放着身体里每一处集聚的阳光和精华。

对于我们而言，它似乎并没有做出什么惊世骇俗的壮举，弹指一挥间，一杯明澈的茶水就能唾手可得；可是对于茶而言，好像不经历这场惊心动魄、跌宕起伏的生死绝恋，就不能“生如夏花之绚烂，死如秋叶之静美”。

揭盖闻香，一股馥郁清香、醒目怡神的味道立即充盈了我的鼻腔，刺激了我的神经。我连连称赞它的妙不可言。这时，我们每人面前摆放着一个小巧透明的玻璃杯，谁想喝多少尽管去倒。

当顺滑、柔爽的茶水一入口，仿佛身体五脏六腑的每个器官都向这吸收了太姥仙气的液体发出了不可遏制的呼唤。它的出现，让身体的府谷之气、经络血脉都为之茅塞顿开。

然而，刚才入口的那股清醇淡雅忽然又变为了淡淡的苦涩。我想，这好像是事物按照自然规律发展变化步入的一个瓶颈期和停滞期。虽然，冲泡一杯茶是极其简单的一个动作，可它在峰峻、石奇、洞异、溪秀、瀑急、云幻等奇特的自然气候条件下，依然不畏山高水远，独守寂寞山林，忍受着身体和精神的双重考验，其间的苦衷又非常人所能体味。但它不过是沧海之一粟，渺小得不能再渺小的事物，只为了人的一口饮剂，却要演绎一次承担了所有生物必经苦难和蝶变的伟大生命壮举，这其中饱含了它真实的情感诉说和内心告白，又怎能一个苦味了得！

随后，淡淡的苦涩又化成悠远绵长的甘甜。这是为生命价值的充分发挥而不由自已展示出来的欣然和喜悦，也是与人体的血液、脏器共融后流露出的欢畅和自豪。我想，每一种生命在涅槃、重生之际都会呈现着这种精神之伟大，闪耀着灵魂之永恒。这种平凡而共融的过程，似乎与《牡丹亭》《长生殿》等古典戏曲艺术不谋而合、殊途同归，正是在大团圆式的圆满结局中显露了人生的真谛，诠释了生命的意义。

其实，一个普通生命的过程，也正如眼前的这杯茶，它需要在出生、成长、死亡的整个历程中，完成它平凡而伟大的轮回、蜕变。这是每个生物体都要遵照的自然规律，茶也不能逾越。

品一杯茶，其实是在悠远绵长的意境中，观照人生的酸甜苦辣、曲折坎坷，品评生命的长度和宽度，以一颗平常心看待人生的逆境和遭遇，在修习禅定中逐渐增进对佛法“圆融三谛”的理解和参悟。

“绿雪芽”小考

既然它生在佛教名山中，“绿雪芽”茶名的来由，多半与空门僧人有关。据侍茶者介绍，它正是隋末唐初太姥山茶僧所取，其称谓同太姥山独特的自然气候条件密切相关。

我忽然联想到徒步太姥山之时所见的情形，可以想见，它常年长在花岗岩丘陵的地形上发育的峰林地貌的崇山峻岭之中，掩映于楠樟棕竹等千嶂叠翠的山林之间，春华夏茂，霜浸雪润，每逢农历十一月，瑞雪降临；到了隆冬，高山景区与中山区森林尽被白雪覆盖；次年清明时节，茶园中白雪尚未融尽，在昼夜温差悬殊的情况下，雪野下发出的新芽若开若合，次第绽放于高山密林之间，远望似白雪翡翠，晶莹灵动，鹅黄嫩绿，楚楚动人。

虽然它没有“大红袍”“碧螺春”那样名重当时，可它照样也像传奇般的人物一样进入了人们的视野，一提到这个诗意般的芳名，就会令人浮想联翩。

既然是稀世珍宝般的茗茶，它迟早都会被发掘利用。相传尧时蓝姑种蓝于山中，逢道士而羽化仙去，故名“太母”，后又改称“太姥”。闽人称“太姥”、武夷为“双绝”，浙人视“太姥”、雁荡为“昆仲”。

很多事物最初并非都是金石玉器般贵重显赫，都是需要经过人为的点睛和渲染。兰质蕙心的绿雪芽，不知何时与民间的大儒、大贤扯上了关系，并缔结金兰；加之它仙风道骨般的飘逸和神秘万端的隐居环境，一经传到诗坛圣手的口中，立即就被点石成金，化腐朽为神奇了。

从茶叶发展历史而言，白茶是最早的茶类。上古时代，人们最初发现白茶的药用价值后，把鲜嫩的茶芽叶晒干储藏起来，用于祭祀、治病，这就是中国茶叶史上“白茶”的诞生。

在福鼎，上古民间即有的生晒茶法，崇山峻岭中的福鼎山哈人（畲族原住居民）早就代代承袭。福鼎畲族人至今保留称“畲泡茶”“白茶婆”“老茶婆”的土茶，取茶树粗叶晒干，置于瓦罐中煮饮，接近寿眉，陈者更作药用。其后，太姥山中与文人交往的僧侣，或用山中野生茶树或菜茶细芽制出更精致的“白毫银针”，只是产量不大。

周亮工在《闽小记》载：“绿雪芽，太姥山茶名。”周亮工还在《闽茶曲》中写道：“太姥声高绿雪芽，洞天新泛海天槎。”意思是：太姥山绿雪芽名气大，贩运茶叶的舟船从鸿雪洞起航。民国文人卓剑舟所著《太姥山全志》进一步指出：“太姥山古有绿雪芽，今呼白毫，色香俱绝，而尤以鸿雪洞为最，产者性寒凉，功同犀角，为麻疹圣药，运销国外，价同金埒。”译文如下：福建太姥山古代有一种绿雪芽茶、现在称白毫茶，颜色和香气都很棒，特别是鸿雪洞附近的最好，洞边的茶叶茶性寒凉，功效和犀牛角相同，是治疗麻疹病的好药，已远销国外，价格贵如黄金。此文仅46字，说明了太姥山白茶今昔名称、颜色香气、最佳产地、茶性、保健功效、医疗用途、销售市场和销售价格。言简意赅、通俗易懂。

畲族人采制白茶

周亮工（1612—1672），江西金溪人，明末清初文学家、篆刻家、收藏家。周亮工生于南京一户官宦人家、书香门第。明崇祯十三年（1640）考中进士，1641 任山东潍县令，1644 升为浙江道监察御史。1643 年李自成破京师，投缳自杀未遂。1645 归降清廷后任两淮盐运使，1646 年升淮扬海防兵备道参政，1647 年为福建按察使，兼摄兵备、督学、海防三职，镇压反清复明运动屡建奇功。1649 年升任福建右布政使，治闽有方、颇得民心，升福建左布政使。然而仕途险恶，周亮工曾两陷囹圄，好在遇难呈祥、逢凶化吉。

周亮工在闽 12 年，为官 8 年，受审 4 年。人云：诗穷而后工，也许正是两次牢狱经历成就了他的文学成就。他所著《闽小记》虽薄薄一册（仅 35000 字），却对福建各地的风土民情、物产习俗和人文景观都做了详细记载，对后人了解明末清初福建当时的社会物产和民情大有裨益。

有时，我的头脑不知不觉总会闪现出一种偏见，像品茶这种雅事如果有了钱塘大才子田艺衡的身影，有关茶的历史必定会锦上添花。明朝末年，田艺衡任应天（今南京）府学教授，曾访问讲学于杭州各大书院。一日与众公大人阅卷于钱塘江口的望海楼，喜获文友送来的“绿雪芽”，于是大家动起手来，从凤凰山上采来了桑柴，取来了惠泉的甘露，亲自煎煮。沸水一沏，一层泡沫浮于水面，如雪初溶，顿时茶香满楼。他想到这是从远在千里之外的天下名山太姥山送来的好茶，灵感顿生，大笔一挥，写下了《煮泉小品》一文：“芽茶，以火作者为次，生晒者为上，亦更近自然，且断烟火气耳。况作人手器不洁，火候失宜，皆能损其香色也。生晒茶瀹之瓯中则旗枪舒畅，清翠鲜明，方为可爱……”

明朝《广舆记》所说的“福宁州太姥山出名茶，名绿雪芽”。当然，这其间还多亏了明代文人谢肇淛才得以让绿雪芽的美名登峰造极。谢肇淛所著的《太姥山志》描述了当时太姥山茶园的种植景象：“太姥洋在太姥山下，西接长蛇岭，居民数十家，皆以种茶樵苏为生。白箬庵……前后百

太阳阁

亩皆茶园。”他的游记《五杂俎》则记录了太姥山产茶叶：“闽之方山、太姥、支提，俱产佳茗，而制造不如法，故名不出里闬。他的另外一篇游记《长溪琐语》记述太姥山茶叶的制作方法：“环长溪百里，诸山皆产茗。山丁僧俗半衣食焉！支提、太姥无论，即圣水、瑞岩、洪山、白鹤，处处有之。但生时气候稍晚，而采者必于清明前后，不能稍俟其长，故多作草气而揉炒之法，又复不如卤莽收贮，一经梅伏后霉变而味尽失矣！倘令晋安作手取之，亦当与清源竞价。”

虽然我不能确定历史上每个著名的文人墨客都与茶有着不解之缘，但可以肯定的是，自古以来，大抵文人墨客都喜欢茶，这是他们生活中的一大乐事，一件雅事。品茗为他们的生活增添了无限情趣，增进了心性修养，在韵味十足的品茶过程中，借茶咏怀，一篇传世之作便应运而生。

品茶问道

虽说饮茶能够做到雅俗共赏，但品茶却未必都能。对不同的时间、不同的场合、不同的人，品出的感受都有不同。毕竟茶是人品出来的，它会随着人的情感而生发出多样的滋味，尤其需要在身心放松、精神宁静的时候，让悟性从思维的夹缝中迸出，方能得到茶的真味。

茶是大自然的精灵，质朴无华，浑然天成。古人寄情于山水之间，不思功名利禄，茶，是上天赐给他们的一剂最佳养心药。正如诗中所云：“平生于物原无取，消受山中一杯茶。”正是茶让他们变得淡泊名利，变得遗世独立；他们从自然中来，又回归到自然中去。茶是他们到达精神上自由王国的法门。

《道德经》第十六章写道：“致虚极守静笃，万物并作，吾以观复。”又云“人法地，地法天，天法道，道法自然”。在浩瀚无穷的宇宙中，隐隐之中仿佛有着高深莫测的“道”在主持着自然的法则。而“道”又是化生天地的万物之母，其本性是无为的，发展变化是自然而然的。伟大的圣人老子仿佛在告诫我们，要向隐居山林、默默无闻的绿雪芽一样，只做奉献，不求索取，行不言之教，处无为之事，思想上淡泊名利，清心寡欲，虚静自守；行为上物我两忘，柔弱守中，始终处于无争、无欲的状态，进而在品茶悟道的过程中，达到“天人合一”。

日本人冈仓天心在《茶之书》（*The Book of Tea*）中提及：茶，对我们而言，已经超出了饮品的概念，它变成生活艺术的一种信仰，形成了一

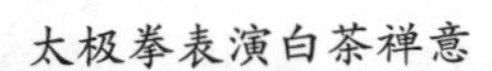

太极拳表演白茶禅意

种神圣仪式，为的是创造宇宙间至福的瞬间。茶之道，在风土气息浓厚的茶源地，更值得珍视。

中国古代的文人士子向来注重对道的追索。他们历来主张“穷则独善其身，达则兼济天下”，可是，高傲的理想与残酷的现实往往相去甚远，故而郁郁不得志者从“学而优则仕”的为官之路转向“退而求其次”的归隐生活，坐而论道，谈说玄理。而茶的这种清心寡欲、超凡脱俗的特质恰好迎合了他们的心理，他们对茶的追求，不仅仅在于茶的本身，而是把身心寄托在一种悠远深邃、物我两忘的境界。在这种状态下，他们最易参悟“道”的玄机，最能步入“天人感应”的奇妙化境。

我一直在想，古人常常以茶代酒、以茶会友，它带给人的是思想的澄澈、心灵的净化，尤其在品的过程，易于找回最真实的自我。酒醉了，“天子呼来不上船”；茶醉了，“一语道破红尘事”。这里有它的胆识所在，智慧所在，气节所在。

当这种神奇的树叶在东方文明古国的地域诞生时，它已像太极一样，反复推演幻化，并融多元文化于一炉，在三教交织的文化网里，随着历史滚滚向前的车轮不断刷新着自己的印迹……

毫香蜜韵，曾经的皇家味道

最好的时光在茶香里

夏日的午后，阳光照射到身上暖暖的。透过了阳光的手，变得绯红。手边有一杯刚刚泡开的老白茶，味道很醇厚。扑鼻的茶香，就这样扎实地铺陈在我日常生活里。

看着杯子的茶叶，由原来的黄褐色到现在的泡不出味道和汤色来，才发现我该换一杯了。茶可以换，但是我们的人生却不可以，每一个人的一生都不同，唯一相同的是，大家的起点都是一样的。

人生进入不惑之年，是急转弯。因了常年写作的关系，夜里躺下后辗转反侧，与睡梦如隔着千山万水。为了卧榻的安眠，我遍搜助眠奇方。小米粥、热牛奶、薰衣草，这些传闻中的催眠良药大都浪得虚名。不知翻过多少次身，在绝望几乎要淹没我时，还有最后一招，就是起来喝茶，尤其是家乡的白茶。

“寒夜客来茶当酒”，是多么令人神往的场景，温暖，欢喜。白茶的气质，跟万籁皆寂的夜晚契合。这些名山秀水间的灵物，经过萎凋和烘焙，褪尽水分和颜色，安详地沉睡过去。如闺中的怀春少女，斜倚在绣楼的栏杆上，在冬日寒鸦的叫声中期盼着春风早日拨弄起妆台的环珮。

水是茶的魔法师，冲茶是悄声唤醒那些睡去的青芽嫩叶。我着迷的是过程的繁琐和仪式般的庄严。清水净手，调匀气息，一招一式地冲泡，心平气和地观赏。大凡名茶，都有一套既定的冲泡程序。每个步骤都有典雅的命名，合起来就是系统的表演。在渴望成眠的夜晚，品茶是次要的。而泡茶、赏茶，本身就是一门自足的艺术，是形而上的，文学性的。

又是一个空气湿润的夜晚，我拿出一盒白茶。白茶如诗，令人联想到春日、细雨和少女。白茶中的白毫银针，是诗中有画，像一幅未干的水墨画配了一首清丽的五言绝句。白毫银针作为福鼎白茶精品，出身好，名字美，得天独厚。茶叶未着水的颜色，就已杏黄欲滴，极易让人浮想联翩。形状上，像根根银针，比起扁平的龙井，更有几分温婉的韵味。白毫银针的妙处，除了毫香和翠色，它在水中的姿态也尤为飘逸。这样秀气娇嫩的白茶，禁不起沸腾的水和有盖子的壶。一不小心把她捂黄了、闷熟了，可不大煞风景？取细高透明的玻璃杯，放小半杯水。投茶下去，杯底就渐渐晕开了一层春色。第一遍洗茶，为其洗去风尘，手上的动作要轻巧敏捷。第二遍落水高冲，银白色银针舒展成绿色的云片，在杯中回旋飘摇。白毫银针是初谙风情的小姑娘，妩媚是有的，只是媚得羞怯。

茶需静品，香能通灵。蓬勃的能量注入身体，我像渴望成仙的林中精灵，贪婪地吐纳天地灵气。我采用腹式呼吸，气息在经络里蜿蜒流走畅行无阻。血液潺潺流动，澄澈如深山古柏下的一脉清泉。浊气散尽，胸臆敞开，原先略显迟滞的血脉全通了。

白毫银针带给人的遐想，有家乡的醉人山水，露湿的山野茶园，背着茶篓的乡间少女。迷蒙而悠远的意境中，倦意袭来，就此睡下了。这样的夜晚，总是苦涩中带点朦胧的诗意，枯荷听雨的调调。

日子趋向安稳，工作业已理顺，生活因妥协和怯懦而变得更舒适。一个又一个的夜晚姗姗到来，又悄然流逝。兴奋和满足少了，不知道想追求什么，也不知道有什么东西被消耗掉了。我用那些名作家们的经历来安慰自己。因《牛虻》一书蜚声全球的埃塞尔·伏尼契，在英美读者中少人问津，但她娴静外表下澎湃的革命激情却在千里之外的俄罗斯找到了知音；直到垂暮之年，她才知道自己的书在俄罗斯受到如此膜拜，甚至被奉为自由的旗帜。美国小说家福克纳在成名前经常遭遇退稿的尴尬，而视写作为第一生命的他屡退屡投，终于成为一代小说宗师。还有土耳其“小说巨擘”帕慕克，出身建筑家庭的他从小就做着“作家梦”，但其想法遭到整个家族的讥笑与抵触，帕慕克却凭着毅力 7 年坚持写就《我的名字叫红》，一炮打响全球文学界。想想他们，反观自己，不也正踟蹰在文学苦行僧的狭道上？

好在总有一些好东西，会继续丰饶着我的生活。茶的奇妙，在于到了一定年纪方能抛却成见，懂得欣赏。家里的书房有大半空间用来存放白茶，很多朋友以此为铁证，取笑我的小布尔乔亚心态。其实，我不买华丽的昂贵品牌，不看欧洲文艺片，不向往光怪陆离的大都市，对在咖啡吧中浪费光阴的人侧目而视，确乎不是小资的做派。茶的广袤和深邃，极易让人痴痴迷迷。《洛阳伽蓝记》里说，闽人做了鬼，都离不开茶。喝茶于我，着实是个像样的嗜好。

茶和我生活的小城市，有一种天然而隐秘的联系。“茶”这个字本来没有，陆羽把苦荼的“荼”减去一笔，才有了它。和茶香四溢的杭州、泉州比起来，自己所处的福鼎市是处在青春期的少年，喜欢尖锐而冲动的工业味道；又像尚未识途的马驹，不知哪条路通向茶道智慧的彼岸。

但古老的茶香，已然浸润透小城市的市井。

在福鼎城区的茶馆，温文尔雅地坐落在小巷里，像隐居的高人，要用心去寻访。茶室里头，光线柔和，动静相宜。气氛上，是无为的，散逸的。几个茶客闲坐一隅，作为优越尊贵的熟客，有了自己固定的位置和专

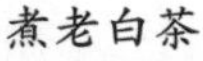

煮老白茶

桐江新貌

用品茗杯。他们眼神清朗，一脸的受用。一看就是喝了半世的茶，也弄懂了茶。在清雅古典的环境中，斗茶是重点，一壶茗茶相伴，互相引为知己，在不起眼的角落里低语。

当月光照进我的书房，我一边喝着清茶，一边向往着北宋女词人李清照与她丈夫赵明诚的茶意生活：那是一个有月的晚上，“归来堂”里一对小夫妇，正在月光下品茗。女子才华横溢，每沏一杯都要作词一阕，男子博学多才，每听一阙都要回应一首。茶杯面前是散着书墨清芬的诗卷，那是一对多么和睦的夫妻啊，以茶打赌猜书，品茶吟诗作对，尽管第二天他们身边又会有成堆的琐事。茶淡了又沏，诗越吟越多，也越吟越好，留在了历史中。

诚然，即使是才情高妙的人也得为生计奔走。忙忙碌碌，生活就七个字，茶占一位，文学也本就是生活，有茶的一味。平淡也好，高雅也罢，在这个物欲横流的时代，从那瓷质茶器里流溢出的享受正是喧嚣背后仅剩的一方净土。

细闻幽香

想来，人总要学会长大和成熟，就像茶一样，绽放自己美丽的一生，然后沉淀下精华。人生的路很长，长到我们不知道它何时才是尽头，但是它也很短，死亡就是一瞬间的事，没有冗长的等待，没有无尽的痛苦，更没有扰心的牵挂，就那样放手。

最好的时光在茶香里，茶影映出我的性灵文字，使得流水般的生活背景多了一份安详与恬静。

毫香蜜韵，一抹白茶为谁沏?

喝茶的时候，经常会碰到这样的问题：福鼎白茶喝到最后到底是在喝什么呢?

很多人会异口同声地说：毫香蜜韵!

那么，什么才是真正的毫香蜜韵呢？这时候，大家众说纷纭。

确实，福鼎白茶的最大特色就是“毫香蜜韵”，只不过一直以来缺乏明确的表述，所以也就说不清道不明了。

相比于岩茶、普洱、铁观音，福鼎白茶不以力量与厚度见长，它有着原汁原味的本色，雨过花落的毫香，清新淡雅的蜜韵。是的，它像一个来自乡野的少女，清纯质朴，浑然天成。毫香蜜韵成为福鼎白茶一个无可替代的意境。

首先来说“韵”。不管是福鼎白茶的“毫香蜜韵”，还是武夷岩茶的“岩韵”，或者安溪铁观音的“观音韵”，都离不开一个“韵”字。

韵，在中国的文学里，就是一种美学的象征。说“韵”无声无息、无形无影，既对，又不对。在形而上的抽象美学层面，“韵”确实是一种可意会、不可言传的精神体验；但在实际审美的过程中，“韵”又是那么实实在在，让人赏心悦目。

我们说一首诗歌有“韵味”，是指这首诗表达的意境已经达到了令人回味无穷的效果。

那用“韵”来形容一种茶独有的滋味的时候，是不是至少可以说这泡茶的滋味也达到了令人回味的程度呢。

那么，是什么样的滋味才能让那么多老茶客回味，甚至念念不忘，以至于用独特的“韵味”来形容它呢?

简单来说，是丰富饱满的口感，是持久悠长的香气，是醇柔多层次的味蕾体验，再加上当地的风土特征。

而具体到源头呢，可以说是山场，是茶树特性，再加上工艺。

福鼎白茶主产区位于太姥山脉，由太姥山、方家山、大洋山、天湖山、青龙山、吴阳山、车头山、料山、梅山、河山、周佳山等大大小小数百座山峰组成，最高海拔的青龙山高度近1200米，优质茶区海拔在300～750米。

以此形成的高山云雾气候，降水量丰沛，为茶树造就了良好的生长环境。

而福鼎茶区的土壤多为花岗岩、矿页岩、红壤、黄壤，海拔300米以上的山区更是富含砂砾，矿物质丰富，有机质含量丰富，这也促进了福鼎白茶独特风味的产生。

茶树经过山场环境的常年养育，自然就越来越带有它的风土特性。福鼎白茶的毫香蜜韵来源于从茶园到茶杯（栽培、制作、品饮）的全过程，把构成毫香蜜韵的条件从单一的制作工艺，扩展到品种、栽培、制作、品鉴、收藏等方面。

事实上，福鼎当地人把毫香”和“蜜韵”分开来看，分开来讲的。毫

野茶

山场

香和蜜韵本应该就是两种口感体验。

顾名思义，“毫香”属于物质享受，“蜜韵”属于审美感受。毫香蜜韵赋予了福鼎白茶独特的文化属性和精神属性，极大地提升了福鼎白茶的附加值和美学价值，使得福鼎白茶鹤立茶界，获得“世界白茶在中国，中国白茶在福鼎”之美誉。

“毫香蜜韵”之秘诀在于品饮的茶客同样需要调动自己的“眼、耳、鼻、舌、身、意”等全部感官，去认识自我，也认识那个没有自我的天地自然，最后形成一颗审美之心，以茶会友，和颜悦色，茶和天下。

我们说，好山好水出好茶。

好茶的滋味，包含了这片山场的养育，自身茶树的特性。

不同地方的好茶，自然就有她独特的韵味。

比如点头的幽幽青草气息，管阳的高山清香甜，磻溪的绵绵鲜爽。

这些滋味，令去到过那里的人一喝就能对应得上。

如此回想来，诗以“意境”让人回味，歌以“律动”让人沉醉。

而茶，何尝又不是以其韵味，勾连起一次心灵的穿越呢。

外贸秘史：墙内开花墙外香

一片太姥山的茶叶，从它带着清晨的露水被采摘到茶农手中开始，就走上了一条海上丝绸之路。它被卖到附近的集市，换了主人，在那里，被品评，被装运，接着翻山越岭、舟车川流，从沙埕港起运，一路南下到广州，集装成箱，开始长达半年的海洋之旅。等到伦敦消费者冲泡这片叶子的时候，最早都已是炎炎夏日，春天的气息只能在唇边荡漾。

17 世纪的英国人把茶叶亲切地称呼为“香草”，它来自中国，那是一个梦幻的国度，生产丝绸，有着悠久的历史和文明。

艾略特・宾汉在《远征中国纪实》的序言里说道：“几个世纪以来，我们与中国的交往纯粹是商业上的。直到 1840 年，新的时代开始了，这个强大的东方国家与西方世界的人民发生了激烈的冲突。此前中国一直把西方当作半开化的野蛮人，用一种香草交换我们的产品，这种香草如今已经成为我们生活中的必需品，它的芬芳充满了使人欢快而不使人迷醉的茶杯。”

欧洲有关茶的记载开始于 1559 年。1678 年，荷兰人威廉・坦恩・里安（William Ten Rhijne）向西方引入了第一批茶树样品。

梳理《茶叶全书》《茶叶帝国》等书籍可以发现，茶在 1610 年第一次抵达阿姆斯特丹，17 世纪 30 年代抵达法国，1657 年抵达英国。当时，茶

白茶外贸从沙埕港起航

被“事先泡好后放在木桶里，有顾客要时，从桶里舀出来，加热后端给顾客”。这一时期的茶里可能不加牛奶。实际上，和很多诞生于欧洲本地的新发明一样，茶吸收了当时欧洲已有的技术——被当作一种热啤酒，盛装在大木桶里。威廉·乌克斯（1873—1945）所著的《茶叶全书》讲到：“白毫工夫茶制工精良……白毫茶是福建出产的，在形态上，乍看好像一堆白毫芽头，几乎全为白色，而且非常轻软，汤水淡薄，无特殊味道，也无香气，只是形状非常好看，中国人对这种茶常出高价购买。”由此可见，外形漂亮的白毫银针在出口红茶箱中用于撒面增加美感。1912 年，白毫银针作为独立花色品种出口，之后白牡丹及大众化白茶被开发出来。第一次世界大战前，福鼎和政和两县年产各 1000 担，那是福鼎茶商梅筱溪、梅秀蓬们周游南洋做茶生意的年代。

在 17 世纪 60 年代，英国的茶叶广告词是“一种质量上等的被所有医生认可的中国饮品；中国称之为茶，其他国家称之为 Tay 或 Tee”。当时出售茶叶的地方是皇家交易所（Royal Exchange）附近的 Sultans Head 咖啡馆。

17 世纪初，茶叶的饮用开始在欧洲流行，欧美各国纷纷与中国进行茶叶贸易。就在这茶叶大兴的年代，历史的契机悄悄叩开了太姥山的门扉，福鼎白茶便“运售国外，价与金埒”。清嘉庆年间，白毫银针还一度成为英国女皇酷爱的珍品，茶香悠远、经久不衰。

对于没有来过中国本土、也没有见过茶树的英国人来说，茶是一种神秘的饮品，有着悠久的历史和奇特的制法。在他们看来，不管是白茶或绿茶，还是红茶，都犹如圣水，令他们梦寐以求。这个时期，他们对白茶可谓一无所知。

但后来英国人唯独清楚了一件事。那就是比起绿茶来，红茶更符合他们的口味，喝红茶加点白毫银针更显高贵。

这也和英国的水质有关。伦敦的水硬度高，泡绿茶的话茶色浓，而茶味茶香就清淡了许多。伦敦的水让茶中的单宁酸无法释放，所以味道就少了点什么，喝着没那么过瘾了。

较之绿茶，红茶的单宁酸含量多，用同样的水泡出来，涩味更重，而伦敦的硬水可以中和这种涩味，泡出极佳的茶香来。而白毫银针的汤色杏黄清澈，滋味清淡回甘，所以欧洲人对杏黄色的白毫银针茶可能会感觉更加亲切吧。

进入 18 世纪，白毫银针的需求量日益增加。据角山荣的《茶的世界史》介绍：最初绿茶占了多半，而（18 世纪）30 年代以后，白茶的需求量猛增。

白茶的品种中，以白毫为最优。茶叶全部是刚发出来的嫩芽，形状似针，表面有一层细茸毛。这种茸毛叫作白毫。如果茶叶中含有大量的密披白毫的鲜嫩茶芽，那么这种茶可称之为“白毫银针”。

白毫银针由王妃带进宫廷，流行于贵族之间，在咖啡馆成为绅士们的嗜好，并最终向新兴的资产阶级以及中流阶层的人们渗透，随之，英国的茶叶输入量也迅猛飙升。

英国人买茶，历史上很长一段时期都得仰仗荷兰，而自从 1669 年禁止从荷兰进货以来，英国开始真正地开展本国的茶叶贸易。当时在厦门和澳门已经设有英国的商馆，所以英国人开始直接从中国进口茶叶。在那里，英国人知道了福建省制作的轻微发酵茶——白毫银针，并且喜欢上了这种轻微发酵茶，于是，英国对茶叶的需求量加大，相应的输入量也就大了，不久，英国的茶叶进口量超过了从爪哇巴达维亚购茶的荷兰。

18 世纪的英国人迷上了白毫银针，需求量激增。时值清朝鼎盛时期，自恃中国地大物博的乾隆帝采取锁国闭关政策，1757 年对外贸易的窗口只有广州。但这似乎并没有阻碍英国对茶叶的进口，设有英国商馆的厦门和澳门靠近广东，崇尚福建茶叶的英国人通过商馆进口茶叶。

自从 17 世纪英国的咖啡屋开始售卖茶品，茶不仅流行于宫廷，也开始向民间普及。19 世纪初，川宁发明了格雷伯爵红茶，但并未注册商标，所以其他店铺也可以将带有毫香的白毫银针白茶作为“格雷伯爵茶”出售。

据福鼎文史专家周瑞光先生考证，明朝末年，郑成功曾编有仁、义、礼、智、信海上五行商，每行备船 12 只，同时设有金、木、水、火、土陆上五商，以杭州为中心，由户部管辖，时沙埕为海上五行商主要贸易站之一。从福鼎当地文献资料看，沙埕港是闽浙两地商船往来的中转站，从福州方向的货物往浙江需要换船航行，反之，也同样。

清五口通商后，闽东地区的茶叶基本通过三都澳“福海关”销往海外，唯独福鼎的茶叶通过沙埕港运至福州、上海再行出口。

《福鼎县乡土志》载：“白、红、绿三宗，白茶岁二千箱有奇，红茶岁两万箱有奇，俱由船运福州销售。绿茶岁三千零担，水陆并运，销福州三分之一，上海三分之二。红茶粗者亦有远销上海。”从商务表看，红茶、绿茶的产量高，白茶产量较低，换算后，白茶年销约 40 吨。

《宁德茶业志》载：“光绪廿五年（1899 年）三都澳设立‘福海关’，自此三都澳成为闽东茶叶出口的海上茶叶之路……1940 年，三都澳遭日军轰炸成为死港。”沙埕港却依然频繁有茶叶出口，这又是为什么？经考证，福鼎商人借外国商船为庇护，先后向英国德意利士轮船公司、怡和公司以及葡萄牙国飞康轮船公司雇用运输船，挂着外国旗帜，频繁地从沙埕港内抢运白琳工夫红茶、白毫银针等。

新中国成立后，茶叶由国家统一管理，省、地、县成立茶叶公司，为专业经营管理机构。茶叶属国家二类物资一级管理，任何单位和个人不得插手收购、贩运。由此，茶叶作为国家统一计划物资，纳入国家各个时期经济发展规划。1949 年中国茶叶公司在北京成立，茶叶的内外贸易均由中茶公司统一经营管理。新中国茶叶贸易基本以外贸出口为主，中茶公司统一领导全国茶叶产、供、销业务。1950 年中茶福州分公司成立（福建省公司前身），福建茶叶出口由中茶公司福州分公司下达计划，统一调拨、运销。

从 1950 年起，福建省茶叶进出口公司在闽东、闽北茶区建茶厂或设立定点茶厂统一管辖茶叶收购、加工、运销、调拨业务，收购毛茶，调拨给茶厂加工精制，然后按出口任务由茶厂将精制茶装箱后运往福州或上海口岸出口。随着公路通车后，出口的茶叶由精制厂直接运往福州省公司外贸茶厂集中加工、出口销售。

计划经济时代，茶叶实行国营、集体、个体按茶类比例收购。白茶由国营统购，严禁私商贩运，产区茶商必须经工商部门审批才可在当地合作社管理下收茶，茶农自产自销茶叶由区、乡政府出具证明限量销售。每年白茶生产计划由福建省茶叶进出口公司下达，定点生产：白牡丹由福鼎茶厂、建阳茶厂、政和茶厂生产；贡眉、寿眉由建阳茶厂生产；白毫银针、新工艺白茶由福鼎茶厂生产。产品由省茶叶公司统一包销。

1981—1985 年，政府提出“扩大对外贸易，调整茶叶结构，以销定产、以销促产、产销结合”的原则，实行“多渠道、少环节、快销快运”的经营体制，实行计划调节与市场调节相结合的方针。

1984 年秋，根据国务院 75 号文件精神，茶叶产销运彻底放开，实行多渠道、多层次、多形式开放的茶叶流通体制，国营、集体、个体一起上，参与收购、加工、销售的市场经济。

1985 年，茶叶流通体制放开，实行多渠道经营，但茶叶出口仍由主渠道茶叶进出口公司专营。

1988 年经省政府批准，地区外贸公司、市、县外贸公司获国营进出口经营权后，也开始经营茶叶出口。

1986 年以后，茶叶市场开放，市场经济促使福建茶叶转入巩固发展时期。乡镇茶厂、私营茶厂发展较快。由于白茶市场的特殊性，白茶的出口始终依托专业公司。在六大茶类中，唯白茶为福建特有茶类，所以中国白茶出口仍然以福建省为主，由福建省茶叶进出口公司在福州口岸出口。

直至 1990 年后，广东省茶叶公司到福建闽东、闽北地区采购少量白牡丹，出口到香港、澳门。福建的一些茶厂也开始自行通过各种渠道将白茶出口至香港、澳门。尤其是进入 21 世纪后，茶厂改为公司，有了自营出口权，一些白茶工厂通过广东茶叶公司代理直接将白茶出口到香港、澳门，对专业茶叶公司的白茶海外拓展带来了很大冲击。因为从香港、澳门消费形式看，白茶消费对象主要在酒楼、茶楼，从地理位置看香港、澳门市场距大陆近，交通便利，来去方便。这样茶厂加工白牡丹量增加，厂家直接供货，以其低价和快捷、方便的交货方式，抢夺市场、抢夺客户，甚至抢夺二盘商和酒楼的终端客户，导致低价冲击市场，市场竞争激烈。经营茶叶的专业公司竞争力显然不如个体茶厂，主渠道出口销售出现逐渐减少的态势。受白牡丹低价冲击，市场萎缩，贡眉逐渐退出香港、澳门市场。同样新工艺白茶也逐渐被白牡丹取代。

随着日本市场白茶水饮料的研发，欧盟、北美市场白茶袋泡茶进入超市，日本、欧盟、北美市场白茶销售稳中略增。但近几年日本、欧美等国家纷纷设置新的农残卫生壁垒，对农残限量指标要求越来越高，项目越来越多。福鼎茶区加强茶农茶园管理和制茶技术培训，大力推行无公害茶叶生产，加强全程质量监管，有效地控制了茶叶中的农药残留。但限于出口业务人才、市场客户、语言等因素限制，出口以上国家地区的白茶基本仍由福建茶叶进出口有限责任公司为主，市场冲击相对较小。福鼎白茶产地少数厂家，先后获得国内外有机认证，有机白茶也逐渐进入日本及欧美市场。

随着白茶健康功效的研究、开发，人们从白茶中提取茶多酚、开发白茶茶水饮料、白茶提取物应用于护肤品等等，深加工研究与应用正在进一步拓展茶的应用领域。

目前，福鼎白茶虽然由外销转向国内市场，但出口的国家依然在增加，主要国家与地区有我国港澳地区，以及印度尼西亚、新加坡、马来西亚、欧洲（德国、法国、荷兰）、日本、美国、加拿大等。

俄罗斯卡西拉区友好代表团考察福鼎茶产业

外商来福鼎洽谈白茶出口合作

第二章

福鼎茶叶地图——世界白茶在中国，中国白茶在福鼎

偷偷守着你，北纬 27° 的秘密

一直以来，北纬 27° 地带蒙着一层神秘面纱，被史学家、地理学家奉为“神奇的纬度”。在这条黄金纬度线两侧，不仅汇聚了众多的世界一流葡萄酒酿造区和世界著名酒庄，也是茶叶生长的黄金地带。中国名优茶产区大部分分布在北纬 27° 两侧（我国茶区分布于北纬 18° ~ 37° 之间），中国白茶的发源地福鼎也处于这条“黄金地带”中。

因工作之缘，经过一路兜转，经由观洋、大坪、翁溪，来到有一个叫柏柳村的“中国白茶第一村”，就是位于北纬 27°。2011 年立冬，已过了茶乡热闹的时节，却平添了几分淡然的恬静之美。满目的茶山在茶季过后变得安静，沁心的茶香融入每一个空气因子中，朴实的茶农会给你最质朴的欢迎。

晨起观山岚之上有雾海，暮归看夕阳余晖温润如初，一切都恰到好处。

中国国际茶文化研究会原会长刘枫先生认为福鼎为白茶原产地名副

秀美茶山

其实，并亲自为福鼎和点头柏柳村题写了“中国白茶之乡”和“中国白茶第一村”。刘枫认为，这个村子制作的白茶，就是世界上最初被带入英国的白茶（白毫银针）。柏柳制茶史可以追溯到明末清初，那时一直在制作白琳工夫红茶，而到了 17 世纪前半叶开始制作轻微发酵茶，茶名“白毛茶”。

从 18 世纪后半叶到 19 世纪初的大约半个世纪，是柏柳村制作的茶出口英国及东南亚国家的最繁盛时期，柏柳村制茶史上曾经辉煌的白茶工厂，也产生于这个时期。

柏柳茶人梅秀蓬，字贤莱，生于 1902 年农历十一月十三日，卒于 1951 年农历三月二日，从其祖辈开始就经营茶业，采办茶叶极有规模，常年大量贩茶经营，往来于福州、上海等地，外销茶叶至英国和东南亚国家，于民国初年随其父辈在福州鼓楼区建造规模较大的茶商会馆，商号名称“协和隆”，是民国时期福鼎茶商在福州最大的商务会馆。新中国成立后该会馆被政府征用并改制成“福州八一服务社”，可见其规模之大。国共合作的北伐时期，第一军将领何应钦率部进驻福建时，茶商梅秀蓬家作为榕城富商捐献了很多钱粮与白茶给何部，得到当局嘉奖。1927 年春，其母六十大寿，何应钦以福建全省执政的名义赠送匾额祝寿，匾文以“纯嘏尔常”四字赞颂。

山岳地带的太姥山没有成片的茶园，人们只能寻找山上的野生茶树采收茶叶。在种子繁殖时期，没有人工扦插育苗，所以清代的正宗福鼎大白茶其实很少。

然而，对于当时的英国人来说，太姥山是盛产白茶的地方，是茶之圣地。英国人不知道白茶、绿茶和红茶其实并非采自不同茶树，只是制茶技艺不同罢了，也不知道轻微发酵茶只是制作技艺最古老的品种，主要用于对外出口，对茶知之甚少的英国人，只认太姥山的白毫银针和白琳工夫为正品，崇尚有加。

在这种背景下，柏柳村的福鼎大白茶种植得到广泛推广。

世界绝大多数名茶、优质茶均产自北纬 27° 左右的广大区域，如福鼎白茶、武夷岩茶、政和工夫、白琳工夫和印度大吉岭红茶等。

福鼎位于北纬 26° 52′ ~ 27° 26′，正是在茶树生长的最佳自然环境地域，在地球脐带区域，山高林密，溪河网布，土地肥沃，全境以花岗岩、玄武岩等岩石风化发育而成的沙砾土为主；气候温暖湿润，四季分明；聚宝藏珍，人杰地灵，先人用智慧创造了国家茶树良种——福鼎大白茶、福鼎大毫茶。

良好的生态环境，完整的生物链，丰富的物种资源，构成了福鼎白茶产区优越的生态条件。

品茶论事，是茶乡人最独特的接待方式。质朴的茶农，常年与山水接触的双手略显粗糙，却丝毫不影响泡茶手法的熟稔和专业地道。隔着袅袅

中国白茶第一村柏柳村
白茶古作坊

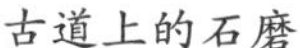

古道上的石磨

茶山上的古道纵横交错

飘香的茶气，仲夏的阳光从窗间溜进来抢个镜头，距离和陌生顿然消散，凭空多了几分亲近之感。

以一个不算行者的行者身份，流连于被称为中国白茶第一村的茶乡，用乡村原生态的方式泡茶、品茶，这对于一个爱茶之人而言，是一件惬意而又乐在其中的事。

清晨的小村，生活气息浓郁，鸡鸣狗叫将人从梦中催醒，便舍不得浪费这清爽的光阴，走出白茶古作坊，村上早已开始热闹，上山采茶的妇人、挑茶选茶的茶商、早起玩耍的孩童、偶尔从身边跑过的小鸡小狗，浓郁的生活气息让新的一天充满活力。

沿着小村的古道，漫步几分钟便到了放眼观山无阻碍的茶山，朝阳的金光洒在身上，强劲的光线将略带凉意的晨风驱走，远近高低的茶山尽收眼底，山岚之上罩着云雾，缭绕着朦胧美感，深呼吸，都是茶的清韵，至真至纯的生活气息，无处不在。

在山野间流连，清新的空气伴着温缓的茶韵。流连间，从不同茶农听得关于“福鼎大白茶”名号由来的不同故事，有“孝子陈焕圆梦说”，也有“太姥娘娘赐名说”。或许，当我们走近更多的茶农会听到更多不同版本的故事，但无疑的，都是对美好的寄托。无论是哪一种，都能够听得出这一方水土养育而出的朴实种茶人对于福鼎白茶的敬畏之心。

短暂逗留，终归只是这茶乡的过客，带着不曾消散的茶香和茶农的热情，又要踏上归途的列车。夕阳缓缓落下去，幸好，余晖还在，就像茶山远去了，茶韵还在；就像那些岁月远去了，而故事却流传下去。

沙埕港：茶叶“海丝之路”出海口

站在沙埕镇妈祖庙前，远眺沙埕港，只见国家一级渔港中心码头建设工地上大批工人在搭建桥墩，架设浮桥，一派繁忙景象。宽阔的海面上，百舸争渡，汽笛声声。一处现代化的港口展现于眼前。

站在沙埕镇妈祖庙前远眺，一切尽收眼底，远古的茶香和书香追随着我，让我有静悄悄的孤寂。没有冷硬的姿态，只有温暖的瞬间。那是无限陶醉的神情。我曾痴痴地想，读书和做茶是人生最雅的两件事，要是让我穿越回到那个丝绸之路的时代会做何感想？

茶道既让我们想到历史，同时也让我想到前进的路。

茶道意象通明，透出一种温柔淡定的平静。我们的手抓不住岁月，岁月像流云，可这沙埕港却存贮了文化的记忆。沙埕港，碧波如洗。宽阔的

繁忙的沙埕港

海面上百舸争渡，汽笛声声，映衬着两岸民居秀色，多么温馨。这时的阳光从屋顶退了下去，秋天的和风吹着白云。周围环境优美，有袅袅的香气环绕，有多彩的蝴蝶飞舞。蝴蝶从花丛中飞起，把梦留在最深最醇的芳香里。这沙埕港的格调，引发我们无穷的想象。特别想起海上丝绸之路掀起的历史云烟，让人觉着奥妙无穷，意味深长，别有风韵。

过去，我常常听人说到白毫银针曾是英国皇家下午茶的必备饮料。

据《宁德地区志》《福鼎旧县志集》等史料记载：从唐代起，尤其 16 世纪中期，白毫银针、白琳工夫、四季柚等福鼎特产誉满四海。这些特产能够在当初交通极其困难的情况下享誉国内外，与当初沙埕港发达的海上运输分不开。

沙埕镇别称沙关，位于福鼎市东南沿海凸出部，为福建省重要渔港之一，沙埕港港道长 40 公里，宽约 2 公里，水深无礁，久不淤积，不起风浪，航道稳定，沙埕港距台湾基隆港 142 海里，为闻名的天然良港。

古代福鼎的茶叶贸易始于唐代。唐代是中国茶叶生产的一个高峰，江南户户饮茶，“坐席竞下饮”已成习俗。唐贞元九年（793 年），政府实行“榷茶”制度，对茶叶贸易收税。由于茶叶贸易繁盛，一个县的茶叶税收超过了全国的矿冶税收（《新唐书·食货志》）。古代长溪（旧时福鼎属长溪县管辖）从唐朝至清朝一千多年，茶叶生产、贸易繁盛，其茶叶品种、制茶工艺和成茶品质也领先全国。陆羽《茶经》记载：“岭南生福州、建州、韶州、象州，福州生闽县方山之阴……其味极佳。”《新唐书·地理志》《三山志》等书也记录了福州、长溪县出产茶叶的情况。清代，福宁府出

产名茶绿雪芽，就是当今的福鼎白茶。谢肇制《长溪琐语》载：“环长溪百里诸山，皆产茶，山丁僧俗，半衣食焉。”由此可见，茶叶生产和贸易维系了古代福鼎人民经济命脉的半壁江山。

福鼎的茶叶输出主要有两个方向，一是向南，主要的输送地是福州，或者由福州再往南输送，至广东、香港等地；一是往北，主要输送地是温州、宁波等地，或者再由温州、宁波往北运往上海、北京、天津等地。福鼎濒临东海，是温州与福州之间的中点站，海洋运输成为了茶叶贸易的主要运输方式。唐宋时期，海洋运输十分发达，福鼎茶叶也主要由海运实现。明代和清代早期，由于朝廷闭关锁国，并一度实行严厉禁海政策，“片帆不得下海”，海运业一度消失，茶叶贸易只得由陆路运输。直到清代晚期，海运业才再度发展起来。

福鼎茶叶贸易口岸、海路运输的口岸主要是沙埕港。清康熙元年（1662 年），康熙皇帝颁布《严禁通海敕谕》。郑成功部力图摆脱海禁，在沙埕开辟与内地贸易通商口岸，从此，沙埕港成为国内各省众商与日本岛国走私贸易的集散地。

在民国期间，沙埕港还是我国沿海地区重要的外贸港口之一，并受到政府的重视。国民政府于 1906 年在沙埕港设常关，隶属闽海关监督公署；1910 年，闽海关在沙埕设立分卡，隶属闽海关税务局；1922 年，沙埕海关由瓯海关划归闽海关，由三都澳分卡管辖；1934 年，沙埕海关恢复，同时在县城桐山增设支关。一直以来，沙埕港与日本、英国、新加坡等许多国家及我国台湾、香港、澳门地区相继通航通商，发展物资贸易。

20 世纪初，沙埕港开展过不少重大的对外贸易活动，各类物资往来不断。1919 年，福州至福鼎沙埕开辟水道邮运路线，利用汽船带运邮件。1921 年，李怀珍等开拓沙申航线，以 300 吨及 350 吨轮船往返沙埕、上海间运输货物。接着，上海达兴公司也以轮船加入运输货物。一时沙埕航运发达，经济繁荣。各类物资由福鼎各个渡口转至沙埕港，然后再运往温州、福州等港口。

沙埕港航运历史悠久，宋《三山志》多处提及桐山的地理和海道情况，有“船至桐山；至桐山东入海”等多处记载。桐山渡就处在桐山港边，河道宽阔，水深可行船划渡。上游闽浙交界山区出产的茶、竹、木材到此转运，由沙埕港出海。宋以后，经元明几度沿革，至清中后期，境内形成了“十八渡口”：水北渡、桐山渡、流江渡、钓澳渡、店下渡、澳腰渡、店头渡、后胆渡、关盘渡、小巽渡、狭衕渡、牛矢墩渡、屯头渡、八尺门渡、石龟渡、巽城渡、塘底渡、南镇渡。

到了 20 世纪六七十年代，福鼎境内渡口多达四十余处，为交通、经济发展发挥了重要的作用。沧桑变易，而今多数古渡退出历史的划摆，功用已荒废，成了一处处足可凭古吊今的遗迹——

水北有“第一渡”雅号，此间地形险要，地处福鼎最北溪流桐山溪上游，历来是重要关隘之处，是沟通闽浙两省的交通要津，更是桐山溪的一个极为重要的渡口。清乾隆知府李拔曾题留：“桐川夹峙海门开，千里双江倒泻来。谁向中流资砥柱，洪波万顷一齐回。”

水北渡的相关史料有多处文献记载，现立于桥头的《奉宪永禁》碑对这做了说明。碑刻灰绿岩石质造，风化比较严重，有些字迹模糊难以辨认。该碑立于清乾隆元年（1736）三月，隶属于福宁府，由芦门司所辖。清乾隆元年，包瀜任芦门司巡检，他在此石中说水北溪乃闽浙往来要道，担负商旅过往安全职责，设渡并招募渡夫一名摆渡。显然，水北渡是地方的公益事业，免费服务过往行人。此石对当年的划渡立下规矩，讲了五个方面，原文是这样的：“遇水时客商到渡务须随到随开，不许借口推诿；遇水时客商过渡毋许勒索分文；遇水发有紧急差使即渡毋许怠惰偷安；水退时即将船锁进船厂，毋使船身雨淋日晒；无水时不得借人装运货物，以致渡船损漏。”这样的规定，无疑是确保商旅往来的安全所需。

巽城渡又称海尾渡，兴于清中叶，至 20 世纪以来一直是福鼎的主要渡口之一。这里三面环山，一面临海，水陆交通发达，北进抵八尺门、达城关，东又与沙埕港相通。周边海域广阔，形成天然内海，波平浪静，舟楫横渡。

人文因一个渡口而兴盛，渡口也促进了一个地方的发展。说巽城渡，就得了解一下清康熙时期巽城的何姓迁基祖何启龙公，康熙四十八年（1709），他从老家寿宁到福鼎做生意，五十一年（1712 年）移居澳前，乾隆七年（1742年）迁桐山水流尾，之后他又看中巽城，并搬迁海尾住居。

海尾界连山海之间，上可通北浙，下可往南闽，为行旅往来必经之要津。启龙公深谙商海，为此处水滨辽阔可发展航海舟济事业而深谋远虑。乾隆三十二至三十七年（1761—1772年）之间，他筹建海尾埠头，先后创建了前岐、桐山、小巽渡船，巽城渡由此开始。时任福鼎知县熊琛，批复巽城诸渡营业，希望启龙公"作渡利济，以便行旅往来"。启龙公发展航海事业，无疑大大地推动了当地贸易发展。

巽城以务农和渔业为主，经营茶业或贸易而发家致富。巽城古街是方圆二三十里乡民赶集之市，繁荣一时，至今古厝、古码头犹存。如今的巽城渡涛声依旧，碧波漾漾，渡舟来往频仍，成为人们"海旅"的好去处。

屯头渡口最早形成于明清之季，码头赶集、墟市盈渡，兑驳物产，百多年来已成惯例。尤其是年关将至，埠头商船云集，人声鼎沸。屯头黄氏宗祠内保存一块灰绿石碑刻："凡附近各村民人将土产染所，并猪羊、杂物，趋向渔船兑驳，或现钱买卖，纷纷取利。"当时的渔船主要来自福清、长乐一带，船家从苏、浙返闽，即入秦川湾，进港停泊，就屯头埠可容二三百号商渔船，可见当时渔业发达。渔船进入埠头，给当地带来了商机，物物在这里交易，渡口带动了周边村庄的农业发展。交易之后，渔船则满载这里的土特产张起风帆，驶离渡口。

而今屯头渡已废弃，旧址被农田所取代。然碑刻铭文中可见清光绪年间滨海的风俗画面，它反映了百余年前沿海地理环境、村民的生活境遇及当地的民风，可感受历史的变迁。

八尺门渡则记录了民间办渡服务于商贸的典型，据《福鼎县交通志》载，自清代开始，白琳和桐城一带当地的族人自办渡产，并世代传承。随社会发展，渡口客流增多，至20世纪八九十年代，发展舢板过渡，日客流达百余人次。

赤溪渡在磻溪境内，始于清代，一直沿用至今，并发展成独具特色的竹排旅游。关于它的历史，与这里排头村人掌握的撑排技艺息息相关，2014年，竹排技艺列入福鼎市非物质文化遗产。赤溪水域最宽处约60

米，过渡日客流量达 80 多人。山区茶叶等物产从渡口撑筏顺流而下到达杨家溪渡头，转运牙城港挂帆出海。它的特色就是用竹排装载输送，是福鼎唯一的筏渡，实现山区物资海上航运的突围。

“千山易过，一水难渡”，“十八渡口”是历史的缩影，承载了过去的生活理想、生存观念，传递着历史文化底蕴，富含风情人文景观，是地方人文重要组成。部分古渡仍发挥作用，但商贸价值与传承濒危。古渡失去了往日的繁忙与喧闹，有些甚至渐渐淤积，失去原来的传统风貌，百年古渡已成为一去不复返的乡愁。

国民革命时期、抗日战争时期、解放战争时期，沙埕港遭遇战事，特别是抗日战争期间，日本多次侵袭沙埕港，昔日繁荣的外贸港口惨遭破坏。而古代茶叶之路也终结。历史又翻到了新的一页。新中国成立之后，沙埕港才恢复对外贸易，与世界各地陆续有了贸易往来。

20 世纪 80 年代，沙埕港对外贸易进入了鼎盛时期。1986 年 10 月，桐山港、姚家屿港、沙埕港、秦屿港、嵛山港等 5 个港口被列为全国港口，奠定了沙埕港在国内外贸易活动中的重要地位。1986 年 11 月 12 日，沙埕港接待满载粮食的万吨级货轮“华厦”号，并卸下大米 2000 吨。1987 年 3 月 29 日，载重 2 万吨的东海舰队 KE102 轮承运 1.3 万吨进口小麦驶进沙埕港，在流江海域下锚泊位，这是至今进入沙埕港的最大吨位船舶。1988 年 1 月，闽浙交界的姚家屿至浙江苍南县矾山公路通车。此后，浙江矾矿每年有 3 万 ~ 5 万吨明矾、煤炭等物资从前岐姚家屿码头进出。

20 世纪八九十年代，沙埕港与港澳台地区有着紧密的联系，特别是与台湾的贸易往来特别频繁。1991 年 4 月 11 日，台湾基隆市中小型单船拖网协会理事长庄锡宗率“台湾渔业考察团”莅鼎考察沙埕港。1992 年至 1995 年，沙埕镇先后被福建省批准为对台贸易点、对台劳务输出点和台轮停泊点，使沙埕港成为闽东沿海地区对台进出贸易活动和近洋劳务输出的重要港口。

今天，沙埕港又有新故事了：国家一级中心渔港正在建设，宁波至东莞高速沙埕跨海大桥联通了沙埕港两岸。新时代，沙埕港书写新篇章。

国营茶厂的茶香岁月

著名茶都福鼎，有着连绵茶山，重峦叠嶂，待到茶季，漫山苍翠，茶香浮动，让人心醉不已。季节交替更迭，岁月风云变幻，清幽的茶香、甘爽的茶味都化作时间的记忆在舌尖传承。

福鼎国营茶厂，作为福鼎白茶殿堂级的归处，它将这种记忆积累的历史和文化一一细心地保存下来，让每个慕名而来的人由舌尖至心底真实地感受到福鼎白茶的独特魅力。

福鼎国营茶厂，包括国营福鼎县茶厂、福鼎县茶叶公司、白琳茶叶初制厂、湖林茶叶初制厂和各乡镇茶站。现在这些茶厂、茶站或改制或不复存在。

国营福鼎白琳茶厂的前世今生

白琳地处福鼎中部，自古以来是茶叶出产地，也是白琳工夫红茶和白毫银针的原产地。古官道贯穿其中，宋代以前就设有驿站，清代有后岐商港码头直通沙埕。特殊的地理位置以及便利的交通，使得白琳在清代就已形成了茶叶集散地。清同治八年（1869 年）卞宝弟《闽峤輶轩录》载：“福鼎县物产茶，白琳为茶商聚集处。”

国营白茶厂旧址

清末，邵维羡、吴观楷、袁子卿、梅伯珍、詹振班与詹振步两兄弟、李华卿等茶商把白琳工夫红茶和白毫银针白茶销往欧美，使白琳产茶区的名气得到进一步的提升。1950 年，中国茶叶公司福建分公司看中白琳做为产茶重镇的重要性，决定在白琳建设国营福鼎茶厂。

位于康山村溪坪自然村的广泰茶庄是民国时期由白琳茶商与广东茶商合作的茶庄，规模大，影响力很强。1950 年福鼎县就把福鼎茶厂的厂址设立在广泰茶馆旧址。随后不久，福鼎茶厂搬迁至福鼎城关南校场观音阁，占地 60 亩。直到 1953 年，正式成立白琳茶叶初制厂，厂址就设在广泰茶庄，工厂的全称为国营闽东第二茶叶精制厂白琳初制厂，业务由福鼎茶厂统一管理，办厂时职工总人数为 22 人。

白琳初制厂主要生产延续民国时期的拳头产品——白琳工夫红茶，并生产少量绿茶。以往生产加工都是靠人工制作，白琳初制厂刚成立就配置了机械设备：有克虏伯揉捻机、自动干燥机、解块机各 1 台，小型臼井式揉捻机 4 台，12 匹发电机 1 台等。技术工人来源大部分是民国时期白琳和点头大茶商号里的茶叶审评师和制茶师，有来自瓜园、翁江、贵坪、溪坪、下炉、玉琳街的工人，也有来自浙江的绍兴和福州的制茶师。

这个时期，配备了机械设备，工厂加强技术革新和培训，经常请专业技术人员授课，或工人参加在福鼎茶厂开办的夜校班，以提高工人素质。茶叶业务部门组织指导室内萎凋冷发酵和炭火烘焙，使红茶质量和产量都有很大的提高，生产茶叶达 500~680 担毛茶。

1953 年，农业部副部长、中茶公司总经理吴觉农把白琳茶叶初制厂

白琳茶厂职工合影老照片

定位生产红茶出口给苏联和东欧。白琳初制厂生产的红茶还需要运到闽东第二茶叶精制厂（即福鼎茶厂）加工后才能出口苏联，茶叶生产按计划经济时代以指标生产，经上海港口出口直销苏联。

茶叶生产、收购、加工由福鼎茶厂统管，而茶叶销售则由福建省茶叶公司下达计划进行调拨。福鼎茶厂还在桐山、白琳、点头、巽城、前岐等区镇设立 5 个茶叶制茶所，4 个茶叶收购站，主要收购白毫银针、白牡丹等，白茶的任务由茶叶收购站来执行。1957 年，随着半工业化生产红茶的规模扩大，原有的广泰厂址已不适应新形势下的生产规模，白琳茶叶初制厂在康山村贵坪自然村征地 15 亩建设新的工厂。当年茶叶产量与 1953 年相当，但高档茶叶比例增加；同时，从这一年开始，白琳茶叶初制厂从福鼎县茶厂脱离，实行会计独立核算。

1953—1959 年间，生产红茶分大茶和小茶两类，大茶分特级与一、二、三级，小茶分特级与一、二、三、四、五、次级。1958 年，增加粗老叶的加工，年产量 2258 担，1959 年增至 6350 担，为历年之最。

1955 年，白琳初制厂一度行政和业务由福鼎县采购局领导，1958 年，行政上属茶业局、业务技术由国营福鼎茶厂指导。1959 年全面恢复福鼎县茶厂管理，白琳茶叶初制厂成为福鼎县茶厂对外的一个车间。

1960 年春，白琳茶叶初制厂搬出后，广泰茶馆一度做为“福鼎县茶业技术学校”的校址，秋季又把校址迁移到国营翁江茶场。

新中国成立后，白琳茶叶初制厂实行了茶叶机械生产改革，发展半自动化流水线生产，改变原有靠手工操作的落后生产局面，生产规模不断增大，对技术人员的培训从茶园管理、茶叶采摘、茶叶加工等方面进一步进行规范。更重要的是茶厂在白琳的建设，成就了白琳依然是全国重点产茶区的地位。

1960、1961 年，厂里的设备进行了更新。1961 年，换装 60 匹木炭燃烧机，“依达里”揉捻机 8 台，揉捻工场改为铁木结构，工厂的职工增至 67 人。

1960 年之后，因中苏断交，红茶滞销，白琳茶叶初制厂生产的产品也在转型。刚开始时，白琳茶叶初制厂进行蒸青绿茶的实验，但销路不好。鉴于国外市场对白茶的需求增大，福建省茶叶进出口公司决定白琳初制厂以生产白茶为主，并且派庄任技术专员来白琳指导，进行室内萎凋白茶实验。白茶生产以白毫银针为主，白牡丹较少。但是白茶不好做，要靠天吃饭，生产不稳定，无法计划生产量。比如香港和福建省外贸签订了白茶的合同：今年要 500 担白茶，可是今年下雨，农民无法生产，所以就没货供应；第二年不敢多订，只订了 300 担，但今年天气很好，生产量就超出了订单的量，所以天气原因一直制约着白茶的规模生产。

1963 年，在茶叶技术专家庄任的指导下，张郑库的师傅、白琳茶叶初制厂生产技术副厂长王奕森带领技术骨干成立了一个白茶的研究小组，专门研制白牡丹等白茶的室内制作。在研究的过程中，他发现白茶存在轻微发酵，与红茶完全不同，通过多次的实践和根据闽北室内萎凋白茶的做法，最终借鉴红茶的发酵方法，用加温管道进行试验，提出来用热风加温的方法做白茶；又经过无数次的试验，其中还历经了制作白茶实验用的厂房发生火灾等事故，白琳茶厂终于可以做到按计划室内生产白茶了。1964 年王奕森把白茶室内萎凋工艺总结出来，并在福建省茶叶学会组织的座谈会上进行交流。

在白茶研制过程中，王奕森发现在白茶生产中很多茶叶下脚料处理不了，他就十分关注这个问题，他把老叶、干叶、青叶揉捻一下，把茶叶从线形揉成弯曲，就做出一种低档白茶，茶汤的浓度增加了，滋味比白茶更浓。王奕森拿了一罐样品送到福建省外贸公司，茶叶专家都说这个茶还可以，算是一种茶，虽好喝但汤色浓度很高，不能当做白茶，外形和口感已出现变化了。

1968 年，福建省外贸茶叶公司刘典秋跟王奕森说，香港的茶楼里有一种习惯，客人到茶馆就端出来一杯白茶，不用钱的，所以这种茶就变成大众化了，需求量相当大。刘典秋拿出一罐台湾产的白茶，叫王奕森想办法做出这种白茶，价格要便宜，质量要好。王奕森根据以往已经实验过的生产白茶方式做出一款新的白茶，共生产了 7 箱茶叶，运到福建省外贸再转运香港，又再制作 300 担运到香港，结果相当畅销。

1969 年，福建省外贸茶叶公司把“仿白白茶”改为“轻揉捻白茶”，最后更名为“新工艺白茶”，成为白茶家族中的新种类，并列入外贸出口茶类，任务是年产1000担。此后白琳茶厂就成了省外贸茶叶公司出口新工艺白茶的独家加工厂，每年按计划分配给白琳茶叶初制厂，由福鼎茶厂验收后发货。新工艺白茶推出后每年订单为2000担，最高年份4000担。新工艺白茶被编入《中国茶经》白茶类，录入高等教育的教材。

1963年后，白琳初制厂主要生产白茶（白毫银针、白牡丹、贡眉、寿眉）和绿茶，同时成为专门生产新工艺白茶的工厂，茶叶生产和发展都比较顺利。一业兴、百业兴，白琳的茶业发展得到进一步提升。

随着白琳初制厂产量提升，茶青原材料供应也要增加。1964年，白琳茶叶初制厂先在白琳大队茶园实验田进行育苗实践，取得经验在白琳全区进行推广，白琳区公所辖区内的茶园面积大幅度增加。

1968年，白琳茶叶初制厂成立文化大革命委员会，由革委会主任主管茶厂。“文革”时期的一些思想在一定程度上对茶叶的生产造成冲击。

1970~1984年，茶叶一直是计划经济的产品，国家二类物资，营销全部由上级制定。工厂主要进行茶叶加工生产、技术研发、机械设备维修等。

进入20世纪70年代，福建省茶叶公司为解决茉莉花与茶坯不平衡的问题，要求福鼎县大量生产茉莉花茶的茶坯（即烘青绿茶）。至此福鼎县全面实行“红改绿”，即全面停止生产红茶，改为生产绿茶。白琳茶叶初制厂顺应形势发展，也按计划生产烘青绿茶。

白琳茶叶初制厂春季生产的茶类有烘青绿茶和白茶，以及少量的红茶。烘青绿茶全部运到福鼎茶厂进行窨制加工成茉莉花茶，秋季收购粗老的茶叶全部用于生产新工艺白茶，专门出口港澳地区。

白琳茶厂生产的烘青绿茶品质特点突出：外形紧圆、条形均直、毫芽显露，色泽柔润，内质香，汤色清澈明亮如绿豆汤色，叶底碧绿肥软，不带红梗红张；精制加工成为茉莉花茶，得到东北、华北消费者的一致好评。因此，白琳茶叶初制厂生产出来的绿茶依然供不应求。但白琳茶厂一直都在坚持生产白毫银针、新工艺白茶、白牡丹和贡眉（寿眉）等。新工艺白茶刚问世后，每年的订单为1000担，20世纪70年代以后增加到

2000～4000担，最高年份生产的新工艺白茶达到4800担。

1974年，在全国茶叶工作会议上，党中央发出“茶叶要有一个大的发展，速度要加快”的号召，把福鼎列为到1980年产茶5万担的基地县之一。1976年，为了使福鼎县茶叶产量增加，全县茶园面积不断增加，各地掀起密植茶园的高潮，茶青产量迅速增加。为了适应新形势，白琳初制茶厂进一步扩容，向溪坪自然村征地，使原有的地盘增加了1倍，厂房面积扩大，生产设备添置许多。

白琳茶叶初制厂虽然硬件设施条件得到了改进，但技术工人一直没有增加，技术力量没有得到改善。“文革”中后期，茶叶生产有些时候因为政治运动还会受到冲击。新工艺白茶发明者王奕森在这个阶段调离原有岗位，到湖林茶叶初制厂上任，新工艺白茶生产过程有轻揉捻，加工过程技术含量高，此阶段新工艺白茶的质量出现新的问题，客户要求退货。于是，白琳茶厂在70年代末重新从湖林茶叶初制厂调回王奕森，培养做白茶新的技术人才。1979年，车间设备都改进了，工人们也都会做了，做出来的新工艺白茶又广受欢迎。

改革开放后，茶叶生产进入一个新时期，茶叶产量大幅度增加。1984年，茶叶市场放开后，打破了计划经济时代茶叶属于国家二类物资的市场垄断，茶叶可以自主性经营。白琳茶叶初制厂生产的茶叶除了供应省外贸公司出口外，也可以自主经营茶叶，生产的茶叶运往华北和东北地区内销。

1978年，白琳茶厂更名为国营福鼎茶厂白琳分厂，工厂的地盘扩大了，人员也不断增多，使白琳茶厂一下子又有了新的活力。

1982年，福建省外贸下达的任务是保证新工艺白茶年产2000担，广东外贸茶叶公司也是年产2000担。广东外贸茶叶公司还说有多少都要，因为他们已发现非洲的市场可能比香港的大，打算用茶叶换石油打开市场，新工艺白茶的订单使得茶厂的生产得到了保证。

春茶开始是一年中最繁忙的季节，福鼎大白茶与福鼎大毫茶的芽头开始萌动，茶青的日产量很大，早春茶中单芽制作白毫银针，一芽一、二叶制作高级白牡丹和高档烘青绿茶，二、三春的茶青大都生产绿茶；秋茶用来制作新工艺白茶。据茶厂老职工罗成回忆，1988 年福建省外贸制定的价格：白毫银针 240 元 / 公斤，白牡丹 58 ~ 120 元 / 公斤、寿眉 32 ~ 38 元 / 公斤、新工艺白茶 28 ~ 45 元 / 公斤。

福建省茶叶进出口公司每年下订单订购白毫银针、白牡丹用于出口创汇。1985 年，为稳定白茶口感和质量，提升白茶出口量，邀请福建省计量局热工专家林升泉，福建省茶叶公司技术员梁利俊和福鼎茶厂方守龙、张肖共同设计，对白琳茶叶初制厂的大型晾青场所进行改造，成为加热型白茶萎凋车间，就是现在被广泛使用的“加温萎凋房”工艺的前身。加温萎凋房后经不断改进，成为更加节能、更为科学的生产白茶车间，而且产出的茶品质更佳。

1980 年之后，白牡丹成为白琳茶厂的重要产品，但在外界只有少数业内人士知道白牡丹就是白茶（当时笔者都不知道白牡丹名称），外部很多人还不知道白牡丹为何物。反而白毫银针因为在民间有生产，所以许多人懂得，它土名白毛针，其性寒凉。

这个时期白琳茶叶初制厂发展达到新的高峰，茶厂的各种文体活动丰富。职工参加白琳镇举办的篮球、象棋、拔河等体育比赛与文艺活动都取得好成绩。

福鼎茶厂于 1993 年停产，进行资产重组，做为福鼎茶厂下属的分厂——白琳茶厂也随着体制变化而降下帷幕。

福鼎茶站的变迁

福鼎茶叶收购站，简称“茶站”，分布在各个产茶乡镇，在福鼎茶业发展过程中起到十分重要的作用。如今很多人还不知道福鼎还有这样的机构，它是计划经济年代产生的一种特殊茶叶机构。茶站伴随着 1950 年福鼎茶厂成立而产生，从刚开始全县只有 5 个茶站，发展到 1972 年有 11 个茶站；1989 年所有茶站停业，1996 年随着福鼎茶业公司破产而解体。茶站这个名称留存在人们的记忆中。

民国时期，福鼎人把茶庄称为茶馆，茶馆为私有制企业，承担着采购茶青或毛茶、精制加工与销售等功能。新中国成立后，茶叶为国家二类物资，由中国茶叶公司专卖，茶叶的生产与销售全部按既定的计划完成。茶站的主要作用是向茶农直接收购毛茶，毛茶经过精制加工后再进行销售。由于茶站面向的对象是茶农，茶站的员工在农村很接地气，近年来，在采访茶农过程中，发现原来在茶站工作过的人员很受茶农敬仰。

茶站管理部门的变迁比较复杂，可以分三个阶段。

第一阶段：1950—1955 年。由福鼎茶厂直接管辖茶站的方方面面。

1950 年，中国茶叶公司福建省公司福鼎茶厂成立，福鼎茶厂下设 5 个茶叶收购站，分别是白琳、点头、桐山、前岐、巽城茶站。1951 年 5 月在店下设立茶站，巽城茶站改为收购组，当年年底又撤销店下站，恢复巽城茶站。1952 年增设玉石（叠石）茶站，1956 年设立管阳茶站。

1950 年至 1952 年，茶站配备的编制人员有 10 多人。茶站配有负责人。1952 年 10 月，为了加强茶叶管理，福鼎县人民政府下文成立“福鼎茶业指导站”，由国营福鼎茶厂派人管理。

20 世纪 50 年代初，生产红茶为主，福鼎县百废待兴，茶叶产量与质量偏低，以手工制作茶叶，制茶水平和茶园耕作水平都要提高，县里出台成立茶叶互助组政策，几家农户相互成立互助组以提高生产力。茶站的宣传员专门负责下乡指导互助组制茶。福鼎茶厂成立初期，依靠茶站完成茶叶收购。从福鼎档案局得到的统计数据：1950 年收购茶叶 22639.86 担，1951 年收购 17149.43 担，1952 年 16030.41 担。

第二阶段：1956—1975 年。为管理机构变化十分复杂的阶段，茶叶收购由福鼎县农产品采购局管理。

1956 年 4 月，成立“福鼎县农产品采购局”，分管茶叶采购，至此，茶业机构形成“三足鼎立”状况：即县茶

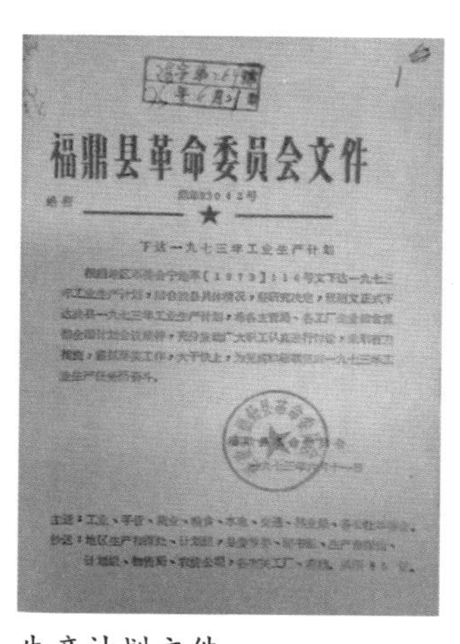
福鼎县革命委员会文件

★

下达一九七三年工业生产计划

生产计划文件

业指导站分管茶叶行政生产事务，农产品采购局负责茶叶收购工作，福鼎茶厂负责精制加工。

1956 至 1957 年，茶站真正从福鼎茶厂划出，由福鼎县农产品采购局负责，福鼎茶厂管理茶站工作就此结束。福鼎茶厂与茶站形成了两套不同系统的机构，茶站收购茶叶由农产品采购局负责销售。

1957 年 3 月，福鼎县农产品采购局又被撤销，茶站改由“福鼎县供销合作社”管理负责，同时成立了秦屿供销社茶叶采购站。全县茶站转为供销社系统单位。

1958 年成立福鼎县茶业局，全县已设立的 7 个茶站划给茶业局管理，同时为了加强白琳茶叶的收购和加工，白琳和管阳中心茶叶采购站更改为茶业局白琳茶业站和茶业局管阳茶业站。白琳中心茶叶采购站移迁磻溪更名为磻溪茶站。

1961 年 11 月，福鼎县茶业局被撤去，茶站归口“福建省茶叶进出口公司福鼎县支公司”，其负责采购，调拨茶叶业务。茶叶进出口公司属于商业局下属的单位，白琳茶业站迁至磻溪，改为县茶叶进出口支公司磻溪茶叶采购站。1963 年 2 月 27 日至 1965 年 2 月，硖门站合并秦屿站，对外仍挂牌茶站，实属收购组。

1966 年 7 月，成立“福鼎县对外贸易局”，简称外贸局，合并县人委茶业科，这样，茶叶进出口支公司及外贸公司于一体形成外贸局。乡镇茶站改换门庭，属于外贸局管辖。外贸局在 1968 年 8 月改称“县外贸革委会”，各茶站的名称仍然是外贸局某某茶站，茶站的性质没有改变。

1970 年 3 月，福鼎撤销县外贸革委会，成立“福鼎县农产品采购调拨站”，与原“县供销社农产品经理部”合并，隶属商业局。所有的茶站又归商业局管辖。

1972 年 10 月，贯岭设立茶站，属原桐山公社管辖而称谓为福鼎县桐山茶叶站，同时改原桐山茶叶站为“城关茶站”；1972 年至 1974 年 3 月，除巽城茶站外其余各茶站归基层供销社管理、核算；1955 年至 1956 年巽城茶站由城供销社代购，县茶叶部门派驻站人员。

尽管上级机构不断变更，但茶站的职能都不会有太大的变化，以采购成品或半成品茶叶为主。

第三阶段：1976—1984 年。全县茶站回归于茶业局。

1976 年 2 月，恢复“县茶业局”，实行事业企业合一，产购合一，同时设建“白琳茶业局站”。

1976 年 2 月起又设立店下茶站，站址仍在巽城，至 1978 年 2 月移址店下现站址，巽城为收购组；1988 年 4 月改为县茶叶公司直属的“茶叶初制厂”。

1983 年从桐山茶叶站分出贯岭茶站供销社，负责茶站只有一年多的时间。

第四阶段：1984—1996 年。隶属于福鼎县茶业公司，茶站跟随茶业公司的破产而解体。

1984 年 4 月，县茶业局改称“县茶业公司”。同年，福鼎实行农业联产承包制，生产队一级茶园一律承包到户。

1985 年 3 月，福鼎茶厂合并茶业公司仍称“福鼎县茶业公司”。实行茶叶产、购、制、销一条龙经营。同时恢复“福鼎县茶业生产指导站”，分管茶业生产事务。

1988 年 2 月，县茶业局公司与福鼎茶厂分开，各自建立经济实体，各自开展采购、加工与销售业务。

1987 年 7 月，成立“福鼎县茶业管理局”。茶业生产由局直属“茶业生产指导站”负责，茶叶购销经营由局属“茶叶公司”负责。县茶业管理局目前实行事业企业合一，产购销一体，基层茶站除贯岭茶业站撤销，站房于 1989 年 9 月出卖外，其余 11 个茶站解体。

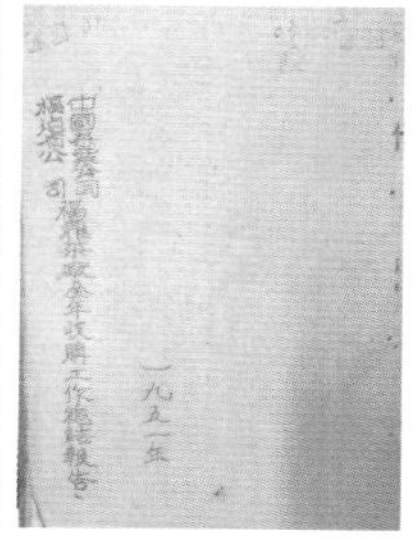
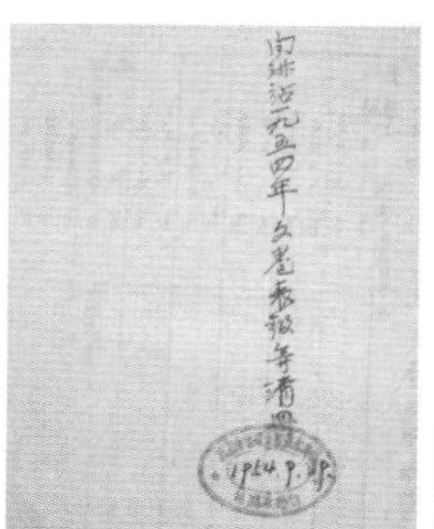
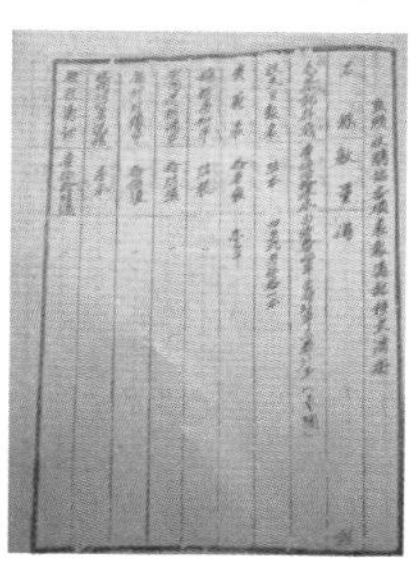

计划经济时代茶叶生产原始档案

翠郊，一个茶叶家族的背影

定格南北建筑文化，留下白琳工夫，留下白毫银针，留住福鼎另一个关于茶的神话！

汽车在弯弯曲曲的山路上开了许久，一路是连绵起伏的山峦，一路是层层叠叠的茶园，茂密的竹林与溪谷忽左忽右。最后，汽车在一座青砖灰瓦的古宅前停了下来。这就是距离福鼎市 40 公里的白琳镇翠郊古民居。

白琳镇因闽红三大工夫之一的白琳工夫而名扬四海。翠郊古民居的主人吴氏正是以经营白琳工夫、白毫银针发家的。

古民居建于清乾隆十年（1745 年），糅合了围式客家土楼结构和江浙一带白墙灰瓦的民宅样式，三进院落，比山西乔家大院还大一倍，既模仿皇家宫殿恢宏的气势，又采纳江南民居精雕细凿的特点。建造这座大宅院共历经 13 年，耗费白银 64 万两，光在同一时辰竖立 360 根木柱子就动用了 1000 多人。清朝大学士刘镛与吴家关系甚为密切，曾赠其“学至会

翠郊民居

木偶戏讲述白茶下南洋传说

时忘粲可，诗留别后见羊何”的楹联，寄望朋友间读书有成，友谊长存。

大宅院内部建筑别具一格，它综合北方封闭的四合院与南方开放式庭院的特点，形成独特的风格。二楼走廊上虚实结合的双层推拉窗，里面一层是紧闭的实窗，外面一层是虚掩的漏窗，显得刚柔并济；楼下严实的合院间以天井相连，两旁的花墙上又以花窗借景，墙外花草忽隐忽现盈溢出含蓄之美。

南北文化如此巧妙结合，凝重而不失轻巧，端庄又不失活泼，犹如情窦初开的少女，跃跃欲试又不忘矜持。古宅犹如一本舒展着的书卷，透出一股淡雅的书卷气息。其实宅院内既无黄金白银，亦无珍珠玛瑙，全然是一派素面朝天的景象。

康熙年间，吴家开始开荒种茶并开茶庄茶行，经营茶叶生意；接着购买田地、办学堂，培养子孙后代。吴氏富甲一方，吴卯公为四个儿子分别建了一座大宅院，每座都占地数十亩，翠郊是其中最大的一座。

曾经的翠郊古民居旁就是官道，是浙江到福州的必经之路，四通八达，一派繁荣的景象，而今它藏身青山绿水之间，默默诉说着白琳工夫、白毫银针百年的沧桑和兴衰。

19 世纪，一方面，英国茶叶输入扩大引起对清朝的鸦片输出，鸦片战争引发贸易的自由化以及国际贸易和运输上的竞争；另一方面，红茶在英国普及并形成英国的红茶文化。

在英国有卖茶出名的人，也有喝茶出名的人。安娜王妃开启英国贵族下午茶的风尚，而格雷伯爵则促成了英国经典红茶——格雷伯爵茶的诞生。

查尔斯·格雷，第二代格雷伯爵（1764—1845），辉格党的领导者，代表新兴的工商阶级的利益，主张议会改革和选举法修正，反对当时国王乔治三世和威廉姆·皮特内阁的政策。1830 年，他领导的辉格党上台执政，组建内阁，陆续出台了多项新法，如工业劳动法、都市自治体法、贫民救济法（修正）等。有意思的是，以爱喝茶出名的他，和实行茶叶减税的威廉姆·皮特虽在政治上对立，但在茶这方面，或许可以说他受惠于降低茶税的皮特。

1806 年，英国出使中国的使节团带给时任海军大臣的格雷伯爵武夷山红茶正山小种，格雷伯爵对这个正山小种很中意，还想再喝，就在伦敦茶商那里下订单。

当时，正山小种红茶的产量少，很难买到，所以茶商专门为他制作了一种红茶作为替代品，也就是今天所说的“格雷伯爵茶”。至于到底是哪家店，长久以来都是个谜，不过，近年第九代萨姆·川宁认为正是他们制作的格雷伯爵茶，对此他有如下一段讲述：

“理查德二世（川宁第四代）的时代，正山小种红茶的烟熏松木香，没有现在的拉普山小种那么重。此外，正山小种红茶的另一个特点龙眼果香，格雷伯爵茶用别的水果代替，就是当时西西里岛上栽培的佛手柑，这个在法国也用于糖果和糕点的制作。”

佛手柑是类似于柠檬的柑橘类的一种，有着沁人心脾的清香。不知中国龙眼的理查德，凭着自己对南国水果的印象，在非正山小种红茶里加入佛手柑作为调味料，制作出了香茶。

川宁公司为了证明格雷伯爵红茶的发明，拿出第九代萨姆·川宁和第六代格雷伯爵的合影，印在公司的格雷伯爵红茶罐上，记载着格雷伯爵留言：“川宁公司长年以来为我们家族制作红茶。其中既有传统红茶，也有专为我的祖先第二代格雷伯爵制作的红茶，那是因为他特别中意使节团从中国带回来的茶叶。后来这种专门为他制作的红茶，就被世人叫作格雷伯爵茶。今天，我为这种红茶能够闻名于世、其传统也得到广泛传播而深感荣幸。”

这里还发生了一件有意思的事。那就是英国的高级食品店 Fortnum & Mason（福南梅森）制作的格雷伯爵红茶。

很早以前就听爱好红茶的人说 Fortnum & Mason 的格雷伯爵茶和其他店的不一样，有种怪怪的香气——毫香。其实，这家店的格雷伯爵茶，是在红茶里添加了白毫银针。

Fortnum & Mason 创业于 1707 年，那时英国安妮女王（在位 1702—1714）皇家守卫队的步兵威廉姆·福特纳姆在皮卡迪利大街开了一家食品杂货店。到了第二代查尔斯·福特纳姆时，开始经营茶叶，主要销售东印度公司输入的绿茶和白茶。

19 世纪初，川宁发明了格雷伯爵红茶，但并未注册商标，所以其他店铺也可以将带有毫香的白毫银针白茶作为“格雷伯爵茶”出售。

对于英国人来说，白毫银针是历史悠久、神秘的东方的象征。今天全英国日均消费 1.6 亿杯茶，算得上“全民喝茶”的国家。但是，英国在历史上从来没有出产过茶叶，直到最近几年，在英格兰南部气候比较温和湿润的康沃尔郡，才开始慢慢开发出茶园。而在 2010 年的一项民意调查中显示，英国不少人认为，“喝伯爵茶”是一项很高级的、属于上流社会的活动。

2011 年 4 月 29 日，英国威廉王子与平民王妃凯特·米德尔顿的世纪婚礼在伦敦威斯敏斯特大教堂举行，英国王室所用的婚礼纪念茶是川宁茶（TWININGS），川宁茶第十代传人史蒂芬·川宁先生与川宁茶的茶叶调配师特别选用作为皇室婚礼纪念茶的主要成分，再添加被世界各地行家公认品质最优秀的茶叶——白茶少许、川宁茶最著名的格雷伯爵茶（Earl Grey tea）配方佛手柑，便成就这款独家且限量的川宁皇室婚礼纪念茶。

走出古民居，已是黄昏，时光仿佛停驻在斑驳的墙壁上，我回过头，仿佛看见一位坐在暮光中的女子，倚着美人靠，手握一杯红茶，等待着什么，直到夕阳也沉没。她的沉默无言，她淡淡的哀愁，那浓得化不开的，正是红茶的情绪。

茶亭：古代茶叶之路的重要驿站

骡马的叫声，
被一群南来北往的茶商牵走了。

仅余一地臊味，
和满屋茶渣余香。

如果有足够的银两，和时间，
我想买一匹快马，去采摘一片月光。

谁在山亭里弹琴？
为那些远去的人们祈祷平安？

一片树叶把银针的锋芒，戳进
冷兵器时代，我听到一条官道的伤口
在喧哗。天青地白的植物
在时光隧道里潜伏。
世事亦悲亦喜，于日光深处
一片一片曝光。茶青躺在竹匾上，
慢慢把人心掏空。

轻手轻脚，

怕五峰桥踩出蛩音，
从清朝到民国，
仅仅一小段琴音的时光。

今天的三十六湾五峰桥亭，仍在讲述
一部福建北驿站完整的细节，以佐证
一个强大闽越最初的茶叶秘密。
历史的脚步，走到三百年前的时候
出现了一个停顿，这时候，
一个叫绿雪芽的福鼎白茶，闪身进来。

残阳西斜，华夏最早的东方仙草
走进了陆羽《茶经》深处。
一种植物从农耕时代翻身，
它的名讳已落地生根。

那时，
江南，水路旱路，
都是晚秋。故事，
讲出这片树叶的秘密。
等我的人，
脸色已经慢慢变成茶马古道和山亭的
黄昏。

所有路过的人啊，
我要告诉你：让广阔的天空全部打开，
让每一片树叶张开臂膀拥抱白云。

伴随这首《白茶古道》诗歌，我们已然穿越。

“福鼎白茶很早远销海外，英国王公贵族喝红茶时放几枚白毫银针，以显珍贵。”福鼎茶人讲述白茶史的时候都会这么自豪地说，我就想，这白茶是怎么运到国外的？

普洱有茶马古道，武夷山下梅村有万里茶道起点碑刻，湖北蒲圻有米砖茶运到俄罗斯的记述。然而，白茶外运的古道在哪里？

古道藏于深山，如蒙尘仙子。

据民国《福鼎旧县志》记载：“陆路北达浙江分水关，据上游之胜；水路东通瀛海烽火门，扼天堑之雄。而又有三十六湾、昭君岭、百步溪、水北溪环绕左右前后，气象雄伟，隐然全闽锁钥。”据福鼎茶亭文化研究者黄河先生考证：此处所说的三十六湾古官道属“福建北驿道”，就是今天的白茶古道之一。

梳理《福宁府志》《福鼎县志》等地方志的记载，旧时福鼎境内古干道主要有两条，总计约 110 公里。一条是起自福州的“福建北驿道”，经如今的连江、罗源、宁德（蕉城）、霞浦，进入福鼎市的蒋阳、五蒲岭、白琳、点头、岩前至县城桐山，再由城关取道万古亭、贯岭，越分水岭达浙江，这一段驿道的福鼎路段总长 75 公里；另一条则由寿宁经福安、柘荣，再经福鼎市的管阳、金钗溪、唐阳、柯岭至县城桐山与福建北驿道相接，全长 35 公里。清代蓝鼎元《福建全省总图说》就有记载：“自浙东海岸温州入闽，由福宁、宁德、罗源、连江至省城，皆羊肠小道，盘纡陡峻，日行高岭云雾中，登天入渊，上下循环，古称蜀道无以过也。”可见

重走白茶古道

福鼎境内此段路的崎岖险阻。

爱花的人，都是热爱生活的人；爱茶的人，都是热爱生命的人。生活与历史接通靠什么？靠通天大路啊！古代茶叶之路代表豁达和淡然，是幸福门前的大道。轻轻地走过去，就会别有洞天。走进三十六湾五峰桥亭，精美的石墙，滋生的幽兰，苔痕青青，凉意徐徐。这样的茶亭是活的，是有灵魂的，我们仿佛看见历史的痕迹，判断出它的内在情感，看见它上演古往今来福鼎茶人的传奇。

对老一辈的村民说起茶亭，他们往往不知为何物。说半岭亭或过路亭，他们便恍然大悟了。在乡野民间世世代代的认知里，茶亭从来都是因实用而存在，简言之，那便是翻山越岭之际过路歇脚处。

近现代，尤其近一二十年，随着公路如蛛网般蔓延至哪怕最偏远的村落，绝大多数古道便因此失去意义，或抛荒，或挖掘。时代之变迁如秋风扫叶，无可逆阻。

古道上的茶亭，不免也随之圮毁。荒郊野外，蔓草杂藤的滋长速度超乎想象，仅几年间，便可攀覆数丈高垣。更兼日曝雨摧，鸟兽虫蚁肆意侵蚀。貌似坚固的建筑，无人照看后独对自然的力量，根本不堪一击。

时至今日，茶亭已无复原有的功能。然而，跨进依旧敦实的拱门，阳光透过百孔千疮的屋瓦，落在那些行将朽坏的梁柱之间，我们仿佛仍能感受到曾经充盈于此的无数过往，友善的招呼、陌生的问候，以及远道干渴后痛饮一瓢清茶的畅快。

茶亭的构造，其外总是敦厚简朴，其内则精美而实用。用料也往往就地取材，伐石木，烧砖瓦，更揉注以先民的智慧与虔诚。这些建筑不仅供人休憩，挡风避雨，更长年累月地向来往路人提供茶水，分毫不取。这种涓流般的淳朴与善良，便都随行旅的脚步，接踵传递，远播四方。

可以说，每一座茶亭，都凝结着一方乡土最朴实的文化。每当我找到一座茶亭，都会先静静地注目良久，感觉是在面对一尊来自遥远年代的图腾。

也许无须刻意强调茶亭的意义，至少它们确实很美，不是吗？

历史上的茶亭

中国古代，亭是十分常见的一种建筑，主要指修建于路边供行人停留休息的场所，历史十分悠久。

亭起源于距今三千年前的周代，最初是设在各诸侯国边境要塞的哨所，设有亭吏。秦汉时期，政府在交通干道上广泛设亭，成为地方维护治安的基层行政单位，兼有邮递、驿站和旅社的功用。

《史记正义》注："秦法，十里一亭，十亭一乡，亭长，主亭之吏。高祖为泗水亭长也。"汉刘熙《释名》："亭，停也，亦人所停集也。"南北朝庾信《哀江南赋》："十里五里，长亭短亭。"

后来，亭进一步发展为观眺、游宴的场所，以其需工少而成形美，占地小而览景宽，成为园林建筑中重要的构成部分。明代彭大翼感叹道："亭，停也。道路所舍，人所停也。后人创此，以为暇日游宴登临之所，失古人之意矣。"这是对亭的演变史最简明的概述。

当然，不是所有的亭都能叫茶亭，所谓茶亭，必须兼具傍路歇脚和免费施茶两个功能。因而，茶亭不但有传统亭的休息功能，更是一项慈善事业，是乐善好施的人建造的施茶场所。

茶亭规模化的形成，发端于唐代，源于僧人施茶的传统。《瑾县志》载："自唐心镜禅师啖以食，而他徙即于岭上镇以塔，下建一庵曰：太平，前设茶亭。"《五灯会元》载：大随法真禅师"寄锡天彭堋口山龙怀寺，于路旁煎茶普施三年。"

受此影响，一些地方官吏也开始修筑茶亭，以便旅客休息避雨。唐代广州刺史李毗在广东省南海朝台建"余慕亭"，"凡使客舟楫避风雨，皆泊此"。

宋靖康之后，随着帝都南迁杭州，南方数省经济日趋繁荣，商业交流、人员迁徙日益频繁。茶亭逐渐成为民间公益慈善的方式，各地民众或个人、或家族、或村落，纷纷出资出力，筑亭煮茗，普惠行旅之人。寺亭、路亭、山亭、渡亭、桥亭，林林总总，星罗棋布。

明清两代，商品经济进一步发展，促使长距离贸易运输越来越频密，交通驿道也延伸至全国各个角落。茶亭的功用日益凸显，其修建也进入最为繁盛的时期。崎岖艰险的山间小路，熙熙攘攘的交通要道，人头攒动的桥头渡口，各种形态的茶亭处处可见，成为古代道路上不可或缺的风景。

我们身边的茶亭

福建属于典型的山地丘陵地带，素有“八山一水一分田”之称。境内山地、丘陵占总面积的 80% 以上，河谷、盆地穿插其间。

福鼎处福建东北，邻接浙江，一面临海，三面环山。境内地势呈东北、西北、西南向中部和东南沿海倾斜。除港湾地带有冲积小平原外，均为山峦起伏的丘陵地。山地丘陵占陆地总面积的 91.03%。

清初蓝鼎元的《福建全省总图说》中称：“自浙东海岸温州入闽……皆羊肠小道，盘纡陡峻……古称蜀道无以过也。”嘉庆版《福鼎县志》载：“层峦叠嶂，跬步皆山，曲港清溪，周遭环境颇有竞秀争流之概，其亦东南一奥区也。”

可以想见，在没有公路没有汽车的年代，行人全凭双脚行走会有多么艰辛。那些跬步皆山的羊肠小道上，可以数里一歇的路亭几乎是沙漠绿洲一般的存在。

而且，福鼎自古就是茶乡，加之乐善好施，崇文修德，民风淳朴，施茶济客的传统世代承沿。无论从碑铭竹帛的记载，还是口耳相传的见闻，都可以非常明晰地确定，这百里溪山所有古道上的亭几乎全都是茶亭。

时至今日，这些茶亭的确已不再有实用的功能，然而，茶亭所承载的记忆，以及透过这些记忆所展现的朴素与美好，正是这一方乡土最坚实的底蕴，悠远、凝重，无可替代。

据福鼎茶亭文化研究者黄河先生考察，福鼎境内，现在还可以找得到的茶亭有一百多座，消失无觅的可能更多。当然，我们现在所见的茶亭，只能算是遗迹，或清冷荒圮，杂草丛生；或改作观庙，无复旧观。而仅仅三四十年前，这些茶亭绝大多数还在正常使用，长年无休地发挥其歇客施茶、迎来送往的功能。事实上，现今许多年纪稍长的人对此都不陌生。

福鼎的茶亭可追溯年代最远是明朝，如万古亭、北山亭、安泰亭、香山亭、葫芦门亭等。始建于清康熙年间的有五峰桥亭、蓝家亭等。

茶亭

乾隆四年（1739 年），从霞浦县划出劝儒乡的望海、遥香、廉江、育仁四里置福鼎县，隶属于福宁府。自此以后，茶亭的修建便如雨后春笋，逐渐遍布全境。

福鼎境内现存的百余座茶亭，许多都因年久失修而崩塌，只剩废址，如浮柳洋亭、佛塔垄亭、尚树岭亭、石马岭亭等。或被改造为观庙，如宝庙亭、官洋亭、美清亭、香山亭等。还有一些因缺乏文物保护意识，将原有旧亭拆毁重建，虽出于善意，却是更彻底的破坏。如圣寿亭、洋美亭、福泰亭、南岭头亭等。

至今尚还基本保存或可以修复的传统茶亭，实际上已所剩无几，比较有价值的有：

桐山的北山亭、青山岭亭、安泰亭；

桐城的坡头亭、马头岗亭；

白琳的白琳寨亭、金刚亭、昭苍岭亭、菜堂半岭亭；

点头的马冠亭、后崑桥亭、乌岩里亭、翁溪亭、双头溪亭；

秦屿的仙宫亭；

磻溪的龟后亭、前岭亭、吴洋岭亭；

前岐的保安亭、吴家溪亭、照澜石亭；

佳阳的万八岭亭；

管阳的长乐亭、乘凉亭、长安亭；

贯岭的凤岭亭、圣文亭；

叠石的长里亭、会甲溪亭；

店下的云塔亭、海尾渡亭。

其中，仅北山亭列为文物保护单位，吴家溪亭、安泰亭已保护性修复。而坡头亭、马头岗亭、金刚亭、乌岩里亭、翁溪亭、双头溪亭、保安亭、圣文亭等这几座，皆岌岌可危，亟待修缮。

2017 年，福鼎《茶亭文化》委托南京农业大学成立以朱世桂教授为首的茶亭专项课题组，全面研究茶亭以及茶亭文化的起源、演变和内涵价值，同时结合福鼎茶亭状况，系统挖掘茶亭与当地人文茶史以及传统茶文化的渊源脉络，更进一步提出相应的保护开发对策。

施茶——茶亭里的善举

当我站在道光年间的五峰桥上，遥望延伸在两端的桥头，不禁思考着：在这白茶古道上，古时行走在这依山绕水的石板路上的又会是哪些人呢？

三十六湾五峰桥亭本是古官道的节点，南通福州，北接浙江，史载为福建北驿道。南宋孝宗乾道五年（1169 年），王十朋自泉州返归乐清，翻越太姥山王头陀岭，便踏上了这一条路。

“千里归途险更长，眼中深喜见天王。从今渐入平安境，旧路艰辛未敢忘。”这首诗里，王十朋所感叹的正是三十六湾的崎岖艰险。

遥想那些时候，南来北往的客商牵着沉沉的骡马队迤逦而来，疲惫交加间，忽然看到前方翠意盎然一片，“驿站到了啊！”

“请喝茶！”于是，他们的眼神和心灵也跟着这飘拂的绿色慢慢柔软了下来。

虽是异乡，但这种不作防备的姿态却给人一种友邻的温情，颇有几分“花径不曾缘客扫，蓬门今始为君开”的热切。

而当他们一番忙碌离开这里时，也许相送的友人又会顺手折下一枝细柳送别。要不怎么顺着茶叶之路的延伸，在古代民间曲子抄本上就有折柳的深情与不舍呢？

遥想古时的茶叶之路，气韵该是多么的流动——除了山亭、驿站、货栈、牲口棚，还有玉石铺、铁匠铺的叮叮作响，以及随之而来卖汤圆的、点豆腐的、打棕垫的、编篾筐的、施茶的……

茶亭茶会雅集，再现白茶古道施茶盛景

施茶，是茶乡福鼎的一种善举。所谓“施茶”就是布施茶汤的意思。在繁华大街上的店铺或富家的大门前，或官道山亭里，放上一个茶桌，茶桌上备有茶壶、茶碗，或者在门前放上一口大缸，里面备有冲泡好的茶汤，供行人随意饮用，不必付茶费，也叫送茶。

施茶，是茶乡人一种自愿的善举。在立夏到秋分之间，在茶汤里往往要加入一些姜片、薄荷等物，喝起来虽带有一点药味，但能帮助行人降温祛暑。

为了使得施茶的善举进行得有条不紊，在民间逐渐形成了一种叫“茶会”的民间组织。特别是福建的客家人离开中原后的迁徙途中，备尝艰辛，在沿途也得到很多善良人的帮助，因此他们对施茶善举的积极性很高。这种施茶会大体上有三种形式。一是具有固定资产的茶会。它的固定资产是主动参与者捐资购买的田产，以每年的租佃收入作为茶的经费。二是利用庙会活动，由大家公推的某人牵头，收集平摊的茶经费。三就是个人在自家门口或路边独自设立施茶大缸或茶会来施茶的。

到了夏天，总会有人每天无偿地烧一缸茶水放在亭子里供路人止渴解乏。在风雨亭歇脚的一些路人，会在墙上题壁或画漫画，写下打油诗、小笑话，甚或警世良言……

南来北往、各种口音的吆喝此起彼落，间或夹杂着骡马的轻嘶与牦牛的低哞，日出上路，日落归栈，这是一幅多么生动的图卷啊！

看啊，那一座座青山紧紧相连，那一片片茶林息息相应，像是在欢迎远道而来的客人，用绵绵细雨的方式迎接，用烂漫朦胧的方式表达茶山的爱意，好唯美啊。

爱，浸入茶的叶脉，情，便有了青翠欲滴的颜色。曾在你的蓝天下倾听茶诗的雅韵，茶水飘香，诗意便成就了展翅高飞的灵魂。我禁不住轻轻抚摸古道上的清泉，瞬间感到一股透彻心扉的清凉。一路走，风景优美，空气清新。呼吸着无半点污染的清新空气，听着细雨朦胧的滴答声，望着这一望无际的翠绿世界，心中的忧愁早就抛到九霄云外。

看啊，茶尖在山中自由舒展，棵棵茶树相亲相爱，茶芽发出阵阵清香，那大自然的美景随处可见，处处生机勃勃，春意盎然。听说茶树处处都是宝，除了采摘下来的茶叶晒干药食两用，还有这些茶籽，可以榨成茶籽油，长期食用能延年益寿。也可以做出护肤品，还可以洗发护发预防脱发等。茶树的好处，说也说不完啊。一路上，天高云淡，雨丝轻柔，那美景尽收眼底。

茶，品人生沉浮；禅，悟涅槃境界。手执一杯清茶，在白茶古道的风光里静静畅游。看，那采茶姑娘，安静地站在那片一望无际的茶海之中，就犹如雾中的女神，纯真，清雅。因为大自然的恩泽，所以这片茶海的风景才变得如此璀璨夺目。茶树身披绿色衣裳，盘根错节的参天古树与翠绿竹林相拥，空气中弥漫着茶叶的清新。站在山上，气定神闲的看一场云雾缭绕，云开雾散，内心铅华尽褪。没有什么华丽的语言，没有什么豪言壮语，但是，我们对福鼎白茶的爱，真诚无比。

远方的人啊，愿你在万水千山之外都能听到白茶古道清越的心音。日、月、星、辰，在它的名字里，展示着各自的光芒，共同照亮了一个民族复兴的征程。

茶亭闪耀的灵光，让我们抬头仰望。

白琳寨：玄武岩之乡，不同时代，不同流变，唯有茶在传承

自小不知茶为何物，待到渐大一些时，觉得那是很苦的汤水，因此一直到成年了都不爱喝。后来，书看得多了，才发现古往今来有那么多文人墨客在赞美茶。南宋杜小山（杜耒）有诗曰："寒夜客来茶当酒，竹炉汤沸火初红。寻常一样窗前月，才有梅花便不同。"苏轼词中说："酒困路长唯欲睡，日高人渴漫思茶。"《红楼梦》《儒林外史》这些名著中多处有品茶、说茶、论茶的片段，似乎少了茶，便少了些意境和品位。渐渐地，我开始关注起它来。

2002 年，张郑库先生的东南白茶公司在白琳镇翁江茶场成立，由此开启"新世纪福鼎白茶第一发起人"的传承之路。2019 年春节，受白琳镇茶业协会秘书长林海之邀，我们一行五人到白琳老街步升春茶馆喝茶。张郑库夫人从北京带回了 2002 年在翁江制作的首批白毫银针，我轻呷一口，生一丝暗喜：并不是我从前喝过的陈年银针，细品中还略带一些毫香与甘甜。随后，每喝到一款茶，我都很愿意轻捧杯盏，享受我认为的佳茗。

白琳产茶历史悠久，据清乾隆二十二年（1759 年）任福宁知府李拔编撰《福宁府志》载：“茶，郡、治俱有，佳者福鼎白琳”。可见，至少清乾隆时期，白琳寨就以产茶而著称，并受到地方主要官员的关注而载入史册，而后白琳寨成为福鼎境内五大茶叶集散地。民国时期，白琳寨以外的茶商纷纷在白琳开馆经营茶叶，涌现出 36 家颇具规模的茶馆，在白琳当地从事新鲜茶叶采办、生产加工、销售等，从而推动白琳茶业的发展繁荣。步升春茶馆就是其中的一家，创办于 1923 年，2018 年 3 月修复。

白琳为何建寨?

白琳为何建寨？修于清同治七年（1868 年）的翁家谱牒为我们提供了重要答案。五代时（公元 907—961 年），中国分裂为十国，浙江属吴越国，吴越王为钱镠；福建为闽王王审知。闽王为了巩固自己的地盘，防吴越王钱镠的侵犯，便征集大量民夫在边境建关修寨，其中在福鼎境内就有建分水关、叠石关、后溪关和白琳寨等。白琳寨建于后梁贞明年间（公元 915—921 年），当时有重兵把守，扼守古官道。后晋天福四年（公元 939 年）闽王曦称帝，授翁十四郎（磻溪桑园人）银青光禄大夫（诰命将士郎）为白琳寨统领，与谢伻一同领军驻守白琳寨。后晋开运二年（945 年）闽国为南唐所灭，翁十四郎率部归顺南唐，继续在白琳寨任职，仍承担防御吴越国的使命。后周显德七年（公元 960 年），赵匡胤以陈桥兵变

吴觉农指导成立的
中茶白琳茶厂旧址

登基，改国号为宋，那时宋朝的势力还未到达南唐所统治的福建，白琳寨仍树翁十四郎旗帜。宋开宝八年（公元 975 年）宋太祖攻灭南唐，福建为宋朝所统一，翁十四郎全体兵勇也于当年归顺于宋，并解戍归里。翁十四郎守卫白琳寨从公元 939 年至公元 975 年，共达 36 年之久，而白琳寨建寨的历史，自公元 915 年至 975 年则达 60 年。

在寨兵撤后的一千多年里，白琳寨留给人们的谜团很多，有人说白琳寨成为集结江湖好汉的山寨，也有的说是在古官道上行劫来往客商的强盗寨，有人说是流寓游民暂住之所，众说纷纭。但在距离古代大官道才几十米远的山寨，地势又不险要，易攻难守，要想聚集大批强盗的可能性很小。1958 年福建省进行第一次文物普查时，就在白琳寨附近发现一批石镞、石锛和硬纹陶竹碎片，经福建省博物馆专家技术鉴定为新石器时代人类用具，说明四千多年前就有人类在此生息。

如今寨址已无痕迹，白琳寨留给人们的只能是模糊的记忆了。白琳镇人民政府利用白琳寨这一历史人文资源建起白琳寨公园，届时人们可沿着蜿蜒小道走到白琳寨。从清朝开始，白琳寨成为古代茶叶之路的重要关隘。2012 年，白琳寨隧道开通，隧道口还开辟工业园区，十几家茶企进驻，重塑白琳茶业辉煌。

佳者福鼎白琳

福宁知府李拔编撰《福宁府志》载："茶，郡、治俱有，佳者福鼎白琳"。清光绪三十二年（1906 年），《福鼎乡土志户口》载"福鼎出产以茶为宗，二十年前，茶商麇集白琳，肩摩毂击，居然一大市镇。"不管是府志还是县志，白琳产佳茗已被地方文献载入史册。

19 世纪 50 年代，闽粤茶商在福鼎经营工夫红茶，以白琳为集散地，设号收购，远销外洋，"白琳工夫"因此而闻名，与福安县"坦洋工夫"、政和县"政和工夫"并列为"闽红三大工夫茶"。

白琳茶叶最早出口销售可追溯到清康熙二十二年（1683 年），福鼎的沙埕军用港改为民用进出口贸易口岸，开始出口茶叶、明矾等农副土特产品。康熙二十三年（1684 年）海禁开放后，茶叶运输逐渐增多，茶叶生产得到了发展。嘉庆二十二年（1817 年），茶叶出口靠人力肩挑，经温州转运至上海出口。绿茶出口多靠人力肩挑经大官道至福州的洋行出口。道光二十二年（1842 年）五口通商后，福州、厦门成为茶叶重要出口口岸，白琳生产的白琳工夫红茶、白毫银针白茶和白毛猴、莲心等绿茶，多由南广帮（广东茶行“广泰”与闽南茶行“金泰”等）在白琳开茶馆收购、转运、销售。也有上海、福州茶行（洋行）直接向本地茶商发放贷款，预订茶类和数量，按指定地点交货验收，由白琳后岐商港、宝桥渡运至沙埕港转运福州、上海后，由洋行出口。

民国时期，白琳的茶业发展更上一层楼。茶行有“合茂智”“双春隆”“洋中”“广泰”“恒丰泰”“同顺记”“林仁记”“万和源”“同顺泰”“胡信泰”“一团春”“陈合记”“同泰”“建春”等 36 家落户白琳。抗战爆发后，日本兵实行海禁，三都澳、沙埕港禁止国内船只航运，但是白琳的茶叶却能走出困境，主要是福鼎同业商会雇用外国轮船，如英国德意利士轮船公司、葡萄牙飞康轮船公司频繁地从沙埕港抢运白琳工夫、白毫银针、莲心茶、白牡丹、白毛猴。白琳茶叶在海外名声大噪，以至于英女王在 1958 年派人写信到“福建省白琳市”询问茶叶情况，至今白琳还流传着英女王非白琳工夫不喝的传说。民国时期，白琳茶叶的发展引起国内茶界知名人士的注意，1936 年上海成立茶叶产地检验监理处，处长为蔡无忌，副处长为吴觉农，当年茶季在白琳设立办事处，检验白琳生产的茶叶。1940 年庄晚芳（茶学家）在白琳委托茶商梅伯珍筹办示范茶厂。

新中国成立后，1950 年 4 月，中国茶业总公司福建省分公司在白琳康山广泰茶行建设福鼎县茶厂，后改为福鼎白琳茶叶初制厂。1951 年翠郊乡村民雷成回率先成立茶叶互助组，全县各乡村纷纷仿效成立互助组。1954 年秋，郑秀娥、蒋德荣在玉塘农场（翁江茶场前身）茶叶短穗扦插育苗成功。1956 年秋，在白琳翁江王花屿村开始利用短穗扦插培育福鼎大白茶、福鼎大毫茶种苗，1958 年在翁江成立福鼎县茶场，还划出一块 12 亩地开发品种园，供茶叶一百多个品种优良种苗的培育，同时另划 120 亩地进行短穗扦插育苗，并在全国推广福鼎大白茶、福鼎大毫茶优良品种。1956 年白琳茶叶初制厂购进大型苏制“克虏伯”揉茶机 3 台，白琳初制厂以生产

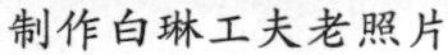
制作白琳工夫老照片

旧时揉捻机

红茶为主，福鼎茶场做为白琳茶厂茶叶原材料专供基地。1975 年，福鼎县率先引进贵州的“密植免耕”经验在白琳推广。白琳下炉茶场种植免耕密植茶园 20 多公顷，翁江茶场也进行茶园改造。1990 年白琳茶厂出品的新工艺白茶获第二届农业博览会金奖。1991 年白琳茶厂出品的“玉琳”牌白牡丹白茶获全国农业博览会金奖。20 世纪 90 年代以后，玄武岩不断得到开发，白琳向石材行业转轨，茶叶发展受到一定的影响。

唯有茶在传承

近年来，随着福鼎白茶不断兴起，为白琳茶业发展复兴创造了良好的时机。与此同时，随着铁锵大道的竣工以及滨海大道的开工建设，市区至白琳集镇的里程大大缩短，这也为白琳旅游业及茶产业发展创造了有利条件。

目前，白琳老街复兴方案已见雏形。未来将在当地政府的领导下，以挖掘白琳老街的历史文化为背景，以福鼎白茶和白琳工夫为主角，以白琳老街的古风、民俗文化为配角，一条茶旅结合的文化街呼之欲出。白琳镇茶业协会秘书长林海说，通过地标打造，聚集人气进而推动白琳茶产业发展以及茶业雄镇复兴。

聆听白琳老街的未来，喝着陈年白毫银针，我的鼻尖舌尖仿佛都有了淡淡的毫香、悠悠的兰香，更不必说去品了。品了，又是另一番感悟，能让你味蕾充分领略白毫银针的神奇，香气清幽，似兰花之味，滋味清醇略厚而甘鲜，叶身如针形清秀而有光泽，茶气迷人，耐人寻味。而兰花，幽香沁鼻撩人，与毫香蜜韵的变数之美相融相依……

茶叶最早本就是中药一味，与现代白茶的工艺相似，人们对茶最初的味觉感受来自于白茶，可能是顺理成章的。而这种原始的味道，穿过时间的云雾，依然能够被今时今日的茶客品尝。从一杯清亮的茶汤里问出自然之道，茶叶浮沉如诉，那些低声细语处，正是人与茶的初次交流。

清人李慈铭有句“绰约丰肌分外妍，镜中倩影不胜怜”赞美兰花，恰似是为“白毫银针”而作的。并且白毫银针中含有丰富的芳香物质，所以能提神醒脑，对治疗头晕头痛、醒酒解腻、美容养颜、愉悦身心都是有很好的作用。正所谓：宁弃瑶池三分水，不舍银针一缕香。

“人在云上走，暗香幽谷中。”茶人们对白毫银针的采制是不会怠慢的。不忍施以炒制和双手揉搓的激烈——所以白毫银针的茶汤里也尝不出烈的品性，而是迅速轻快的将茶芽薄摊匀摊于竹帘上。茶芽在晴天里的晾青架上等待阳光和风的自然萎凋——这一切要轻，白天避开正午的强烈日照，只有早晨和下午微弱的阳光才最懂得怜惜；晚上则移交室内，隔绝雨露的侵袭。既然是自然参与的工事，耗时就要长一些，不像人工，凡事都求个迅速，容易用力过度。白毫银针的自然萎凋是个漫长的失水过程，少了许多人间惯用的刻意为之，成全了更多天地谋划出的本色。明朝田艺蘅在《煮泉小品》中称道这种本色“芽茶以火作者为次，生晒者为上，亦更近自然，且断烟火气耳。”

打开喜马拉雅，收听白落梅的一篇篇有关品读唐诗宋词的文章。在采摘时，仿佛心已穿越到了那个唯美的诗词年代里，我时而感伤，时而欣喜，更多的是对时光的眷爱。这盛大的清欢何尝不是一种醉？瞬间，她入驻了我的内心！是的，白毫银针，宛若与世无争的女子，用她的清幽，她的飘逸，她的甘醇把我深深地俘获。

我知道缄默了悠悠近千年时光的白毫银针，在隐忍中等来了我们的垂怜，更等来了一个不懂她的人对她的无比依恋。白琳作为玄武岩之乡，不同时代，不同流变，唯有茶在传承。茶缘从此深结，爱茶的心从此将不会改变！

第三章

茶哥米弟，一碗茶汤见真情

老茶骨的茶味不败：制作方式的重大转变

茶的味道来自茶人的手，一双茶人的手会调制出千变万化的茶的味道来。而这些特别的味道来自时间的沉淀和茶人那神秘的手艺。

福鼎白茶的制茶工艺是国家非物质文化遗产，是福鼎人祖祖辈辈相传下来的。

清晨，当茶人把茶叶从深山老林或者茶园里采摘回家，就要进行晾青、萎凋和干燥等工序。

采摘茶叶，不要认为这是一件简单不起眼的活儿。要想做出好茶，采茶的季节、时间、方法都是非常讲究的。

只有新长出的嫩芽才可以用来做好茶，新芽生长一段时间以后就会变粗老，因此，茶树必须定期采摘。茶叶的采摘须非常小心，以防破损。破损后的茶叶其植物细胞会被破坏，释放出酶，引起茶叶发酵而变成棕色。

采摘后的茶叶不能受挤压，茶鲜叶不能堆得太厚，当天采摘的鲜叶不能过夜，必须在当天全部萎凋。

圆形竹匾晒青

长方形竹匾晒青

炭火烘焙测温

炭火烘焙

闻香，判断烘焙质量

鲜叶采摘后要用竹匾进行手工晾青，这道工序叫做“萎凋”。做茶的人家里常常备有几十个专门用来晾青的长方形或圆形竹匾。

萎凋的目的，旨在蒸发掉鲜叶中的水分，并使其蜕变。

萎凋后就进行干燥了，干燥使茶叶含水量控制在 5% 左右，通过干燥达到提质增香的目的，以使茶汤更清香。

传统的干燥用炭火进行烘焙。炭火烘焙的方法很讲究，分两次进行，第一次打毛，火焙筛烘温为 80 ~ 90℃，摊放时间 30 ~ 45 分钟，至八成干时，逐步由高到低减弱火力，烘至九成干下焙，进行摊晾。第二次打足火，上焙，用低温进行慢烘、焙筛烘温为 60 ~ 70℃，干燥程度以手折茶梗即断，叶片一捏即碎，握茶有声响为准。

烘焙的柴火也有讲究，不能是有异味的干柴或湿柴，否则会产生异味或重烟味，会影响茶的品质。

经过烘焙这一道最终的程序之后，茶叶的制作就算完成了，通常把这种制作方法叫做福鼎白茶的传统工艺，也叫做初制加工工艺或古法工艺。

随着社会的发展和时代的进步，福鼎白茶的加工出现了机械化程序，主要有室内自然萎凋、复式萎凋和加温萎凋。

作为白茶加工的第一步关键工序，萎凋是整个制作过程中最重要的步骤之一。刚采下来的鲜叶要经过两种各不相同的变化——物理萎凋与化学萎凋。

物理萎凋指的是使叶子部分脱水，水分的减少有助于增加叶液的浓度。在化学萎凋过程中，鲜叶细胞的化学（生化）变化有利于增加氨基酸、芳香物质和咖啡碱的含量，匀速化学萎凋绝非人为地加快萎凋过程。

在福鼎山区，有一种特殊的气候条件，在那里，季风季节来临前会出现持续两个星期或更长的干风天气，这实际上模拟了萎凋环境，使茶叶在树上就有了轻度萎凋。这种天然的“先决条件”有助于芳香分子的生成，使口味优雅的白茶带有广受欢迎的芳香。自然萎凋还能使叶子在下一步骤中更易于在干燥中保持原叶不变形，从而使茶叶的外形更加美观。

在福鼎茶区，把鲜叶放在宽而浅的摊叶帘里然后借助风吹日晒使叶子萎凋的传统方法仍然有人在使用，实际上，这种方法对传统白茶生产是必要的。但由于天气变化反复无常（特别是在季风地带），这种方法可靠性差、风险较大，对于大规模茶叶生产来说也不实用，如今多数采用复式萎凋或加温萎凋。

传统的福鼎茶厂都有一个专门用来萎凋的大屋子，其特点是四周开窗——这种开放式设计是为了实现自然萎凋，即利用当地的基本天气条件进行萎凋。当热空气通过由人行通道隔开的一排排萎凋架时，鲜叶便开始干燥。制茶师经常要权衡一下快速空气流动与萎凋不均匀之间的利弊。用萎凋架有几点不足之处——它费时费力，占据空间大，而且需要经常移动，所以有些加工厂改用操作方便的萎凋槽。

萎凋房

半机械化萎凋阳光房

室内萎凋

摊青

现在，福鼎的茶厂通常用四面是玻璃的萎凋房来容纳大量的鲜叶，把叶子薄薄地摊放在竹篾、铁丝或特制（食品级）尼龙网架或者铺有黄麻布的支架上，这些架子统称萎凋架。

室内自然萎凋

在正常气候条件下，多采用室内自然萎凋，宜控制在 36～50 小时。萎凋房（室）要求四面通风，无日光直射，并要防止雨雾侵入，场所必须清洁卫生，且能控制一定的温湿度。春茶室温要求 18～25℃，相对湿度 67%～80%；夏秋茶室温要求 25～35℃，相对湿度 60%～75%。

鲜叶进厂后要求老嫩严格分开，及时分别萎凋。萎凋时把鲜叶放在水筛上，每筛摊叶量：春茶为 0.4kg 左右，夏秋茶为 0.5kg 左右。鲜叶摊入水筛，俗称“开青”或“开筛”。开青方法是：叶子放在水筛后，两手持水筛边缘转动，使叶均匀散开，开青技术好的一摇即成，且摊叶均匀，其动作要求迅速、轻快，切勿反复筛摇，防止茶叶机械损伤。摊好叶子后，将水筛置于萎凋室晾青架上，不可翻动。雨天采用室内自然萎凋历时不得超过三天，否则芽叶发霉变黑，在晴朗干燥的天气萎凋历时也不得少于二天，否则成茶有青气，滋味带涩，品质不佳。

在室内自然萎凋过程中，其间要进行

判断萎凋度

一次“并筛”。即萎凋时间为 35 ~ 45 小时，萎凋至七八成干时，叶片不贴筛，芽叶毫色发白，叶色由浅绿转为灰绿色或深绿，叶缘略重卷，芽尖与嫩梗呈“翘尾”，叶态如船底状，嗅之无青气时，即可进行“并筛”。

并筛：高级白茶（特、一级）“并筛”的方法。一般小白茶为八成干时两筛并一筛；大白茶并筛分二次进行，七成干时两筛并一筛，待八成干时，再二筛并一筛，并筛后，把萎凋叶堆成厚度 10 ~ 15 厘米的凹状。中低级白茶采用“堆放”。堆放时应掌握萎凋叶含水量与堆放厚度。萎凋叶含水量不能低于 20%，否则不能“转色”。堆放厚度视含水量多少而定：含水量在 30% 左右，堆放厚度为 10 厘米；含水量在 25% 左右，堆放厚度为 20 ~ 30 厘米。并筛后仍放置于晾青架上，继续进行萎凋，一般并筛后 12 ~ 14 小时，梗脉水分大为减少，叶片微软，叶片转为灰绿，干度达九成五时，就可下筛拣剔。

拣剔时动作要轻，防止芽叶断碎。毛茶等级愈高，对拣剔的要求愈严格。高级白牡丹应拣去腊叶、黄片、红张、粗老叶和杂物；一级白牡丹应剔除蜡叶、红张、梗片和杂物；二级白牡丹只剔除红张和杂物；三级仅拣去梗片和杂物；低级白茶拣去非茶类夹杂物。

加温萎凋

作春茶如遇阴雨连绵，必须采用加温萎凋。加温萎凋可采用管道加温或温控机加温萎凋，温度保持 30℃左右，全程萎凋历时 30 ~ 40 小时。

加温萎凋槽

管道加温是在专门的“白茶管道萎凋室”内进行。萎凋室外设热风发生炉，热空气通过管道均匀地散发到室内，使萎凋室温上升。采用管道加温萎凋，温度控制在29～30℃，最高不超过32℃，最低不低于20℃，相对湿度保持在65%～70%。萎凋室切忌高温密闭，以免嫩芽和叶缘失水过快，梗脉水分补充不上，叶内理化变化不足，芽叶干枯变红。一般加温萎凋历时不少于36小时，掌握在38～42小时为宜。

由于萎凋槽操作方便，现已成为加温萎凋的主要方式。

复式萎凋

春季遇有晴天，可采用复式萎凋，控制在30～40小时。其与室内自然萎凋相同，仅在萎凋工序上稍有差别，即复式萎凋全程中进行2～4次为时共1～2小时的日照处理。

日光萎凋

一般传统工艺白茶在春茶谷雨前后采用此法，对加速水分蒸发和提高茶汤醇度有一定作用。其做法是选择早晨和傍晚阳光微弱时，将鲜叶置于阳光下轻晒，日照次数和每次日照时间的长短应据温湿度的高低而定，一般春茶初期在室外温度25℃，相对湿度83%的条件下，每次晒25～30分钟，晒至叶片微热时移入萎凋室内萎凋，待叶温下降后再进行日照，如此反复2～4次。春茶中期室外温度30℃，相对湿度67%的条件下，日照时间以15～20分钟为宜；春茶后期室外温度30℃条件下，日照时间以10～15分钟为宜，夏季因气温高，阳光强烈，不宜采用复式萎凋。

萎凋测温

阳光的味道

沉寂了一整个冬天，终于有了春的样子。

一叶叶的茶芽，娇嫩柔美地探向天空，叶尖上跳跃着阳光的巧笑。

一株株的茶树，茁壮自信地吐绿泛翠。每一抹绿都是蓄足养分的好茶叶，每一片茶叶都将救赎多少浮躁的心。

一坡一坡的茶山，依山傍水，远离喧嚣，鸟语花香，春意盎然，处处透露出大自然的气息，这里安静祥和，与世无争。

品新茶，是此时爱茶人最幸福的事。一叶叶的嫩绿唤醒了身体的每个细胞，春天的快乐从分享一杯新茶开始。

春天，被渲染在茶香里，茶里，聚拢了春天的味道。泡一杯茶，整个春天就在此杯中……

不得不说，白茶是一种很神奇的事物。当你爱上它时，你不仅学会喝好茶，更想去了解茶的一切——茶树的样子，茶的采摘，茶叶的制作……

春暖花开，不如趁茶树还在慢慢发芽的时候，让充满生命绿意的大自然气息连接你我，跟随我们一起到茶山看看吧。

春日，茶山注定是回归真我的净土。而白茶里面有种像阳光一样的清香，感觉就像小时候扑倒在刚晒过的被子上的那种幸福感。

做白茶主要是靠太阳晒，七分晒三分焙，不用机器来弄，就靠手工做。吸饱了太阳光，自然也就能喝到“阳光的味道”了。

事物的凋零、萎缩意味着美好的逝去，引发的常常是怀旧、伤感之情，白茶的萎缩与凋零却是例外。

它不需要任何人为的加工，只要人类为它保持着最适宜的温度，提供最纯净的空间；然后静静地等待着，看着它慢慢地萎凋、直至它把自己凝固为一个美丽的姿势。

白茶，虽然萎凋了自己，却不断释放出淡淡而悠长的生命芳香。诚如明朝田艺蘅在《煮泉小品》中所说：“茶者以火作者为次，生晒者为上，亦更近自然，且断烟火气耳。”这种不炒不揉的制法，保留着茶叶原初的生命形态和特有的营养成分，它不需要任何人为的加工，如杀青、揉捻等工序来改变其本来的性状；它一生下来就是茶，自始至终都保持着它的天然模样。

我国著名茶学家刘勤晋教授曾说：“太阳光有 72 种光波，这 72 种光波与茶叶香气的形成有一定的关系。特别是波长比较短的紫光，它与茶叶里面芳香物质的形成是高度的正相关。日晒，光氧化，造成它好的香气条件。”因此，经过充足日晒的白茶，阳光让茶叶内部进行更缓慢、更自然的转化，变成类似于“阳光的味道”。

日晒

室外日光萎凋，我们平时称之为“日晒”。通常做法就是将鲜叶采摘后，一片一片均匀薄摊在竹匾上，放置于日光下进行自然萎凋。时长一般约为 2 到 3 天。

日光萎凋听起来简单，其实真正操作起来并非易事：对鲜叶来源、阳光强弱和晾晒时间要求严格，须是晴好天气采摘的原料，芽叶的白毫要保留完整，摊放不可重叠，避免变黑、变红，同时阳光要充足，不可翻动，防止伤叶变红；竹筛摆放位置也有讲究，要注意风向，风如果太大，就要赶紧把茶转一个方向；阳光如果太强烈，就要迅速把茶叶从直射的位置调整为斜射；地表的湿度太高了，就要离地晾晒；含水率太高了，就要摊得再薄一点；含水率很低的时候，就得摊得厚一点。对于坚持做日光萎凋的茶人来说，这是一件颇有些赌运气的事情，全凭老天爷是否赏脸了，无论时间还是人工的耗损，都是非常大的，能做出一批标准的日光萎凋茶叶非常不容易。而且，即使是用日光萎凋的工艺做茶，也不能保证做出来的每款茶质量都很好。

举个例子，一批上好的茶青下来，如果没有遇上晴天和阳光，那么就没有办法做出高品质的生晒茶。即使天气不错，一旦无法遇上两三天的连晴，那么这些原本昂贵的茶青，就面临着令人唏嘘的命运了。

由此我想起我孩童时代。20 世纪 80 年代，我上小学，父亲在镇上茶厂当工人，母亲务农，我们兄妹四人，虽说自己幼稚，懂事迟，但对父母的艰辛依稀读懂。除了责任田和山田，生产队还给每户分了几块茶地，这也成了家里一份小小的经济来源。家里农活重，我是兄长，大妹妹、弟弟好几岁，采茶的任务自然落在了我和比我小两岁的弟弟头上，从春分前后一直采到夏末。

那时每到放学便很自觉地急忙赶回家，书包一扔，提篮飞快来到离家约一里多路的茶园，加入乡亲们的采茶行列，直到暮色四合、炊烟四起才回家吃饭。记得初学采茶，不得要领，东一片西一片、里一片外一片没有头绪，小手也不争气，边采边掉，很是恼火。时间一长，渐渐就熟练了，每天放学后采回的鲜茶叶也有一两斤，节假日一天可以摘到四五斤，采茶的“工龄”大概要从小学二年级算到初中毕业。为调动哥俩积极性，父母按鲜茶的斤两付报酬，从五分钱一斤，后来涨到两毛钱一斤，按天结算，绝不含糊。

每次拿到自己的劳动所得，比现在每月领工资还要高兴，当然作业就只能在晚上抢时间做。节假日更是我们采茶创收的好机会，晴天一顶草帽，小雨天也不闲着，趁叶儿鲜嫩撑伞采摘。盛夏时节，茶树上虫子活跃起来，有一种至今叫不出学名的虫子最讨厌，颜色和茶叶差不多，手一碰它准成红疖子，麻麻的、痒痒的特难受，还有蛇和蜈蚣也在茶园出没，不得不防。

采茶回来，父母都要在当天及时加工，将新鲜茶叶均匀撒放在竹匾上，越薄越好，放在太阳底下晾晒，晒到半干时候还要翻一次。遇到阴雨天，只好把茶叶放到大厅里阴干，竹匾旁边隔着炭火，满屋子茶香飘溢，这过程必须耐住性子、把握火候，不然就烘焦了。母亲能准确适度地把握

软匾

好火候，制作出来的白茶色香味俱佳。晒、烘干后，母亲还要挑去老茶梗和老叶子，用竹筛滤去茶叶粉末。经过这一系列工艺，土法加工茶叶大功告成了。这种白茶卖相远不如制作精致的毛尖、龙井和银针，但浓郁的、天然的泥土清香现在没法找寻。母亲的白茶，除了茶的清香外，还有一种我说不出的特殊味道，醇厚而隽永。我想，那应该就是阳光的味道吧。

加工好的茶叶肯定是要拿去卖的，而且最早最好的银针毫不吝啬地卖掉，用于补贴家庭开支。清明前茶叶刚上市，价钱好，惊蛰前后茶叶刚长出嫩芽，母亲就急急地催我们去采茶。上街卖茶叶时，母亲连同两三天积攒下来的鸡蛋，还有自家种的瓜果蔬菜、小葱大蒜、红薯叶、梅菜什么的，随便一弄就是一副不轻的货担，走路挑到集市上去卖。

岐阳街集市，在早些年前很有名，离家十几里路，当时岐阳街处在由统购统销转自产自销时期，早市很热闹。赶集市得趁早，五点左右天还没亮就得打着手电筒上路，有时邻居姑婶同行，有时没有同伴母亲单独上街，父亲自然不放心，早早在茶厂大门口守候着。碰上休息日，我和弟弟都争着陪母亲上街，有时披星戴月迎日出，有时迎风冒雨踩泥泞，父母有规定，每次兄弟俩只能去一人，留下一个在家照顾弟妹，我们哥俩自然是轮流作陪，轮到谁，谁要早睡早起，头天夜里很是兴奋。

我和母亲上街了，踩山路、过田埂、迈水沟、行马路，快到岐阳街，福东溪边上，机器轰鸣，汽笛声声，溪边的塑料加工厂，运送制造薄膜材料的拖拉机停靠卸货，搬运工不知疲倦地把货物从溪边搬运进厂里。东方欲晓，晨曦微露，我们到棋盘山脚下的供销社茶站加工厂，厂里已堆满茶青，像小山、像乌云，天再亮一点，犹如一幅影影绰绰的水墨画。那时前岐塑料厂的薄膜很是走俏，运输工具就是拖拉机，“车辚辚，轰轰声”的场面没少吓着胆小的我。上街的待遇也就两根油条、几个糖油粑粑，奢侈点就是吃一碗米粉，现在想来那时候的米粉味道简直妙不可言。有时，卖完茶叶和小菜，我会缠着母亲到供销社文具柜台转转，用采茶的工资买连环画、小人书什么的看看，母亲虽精打细算很是节俭，但一般不会阻止我买书看。

如今离开故乡二十多年了，再也没有机会和母亲一起采摘春茶，看母亲制作茶叶了。母亲年纪大以后，将一套制茶技术悉数传给了二弟。每年的清明谷雨时节，我都会收到来自故乡的新茶叶。在外漂泊时间久了，也见识过不少的名茶，但我却独爱家乡的春茶，几乎到了非自家茶不喝的程度。这不仅仅因为自家的茶是没有任何污染、没加任何色素的绿色饮料，更是因为在这幽幽的茶香里，承载着我美好的童年记忆，寄托了醇厚的亲情和乡情。

故土故园，家人家事，山长水远，魂牵梦萦。此刻，要是取家乡的池塘水烧一壶开水，拿一个旧时茶厂的搪瓷杯，泡一杯家乡茶，面对春雨，远望山花，趁热慢慢喝，多好！

茶青交易

炭焙，手工的极致

在福鼎，当地人都知道，上好的福鼎白茶是要用炭火来烘焙的。

正如试过好的白毫银针毛茶的茶农就跟茶客说：你这条茶，如果不炭焙那就太浪费了。

诚如茶师傅所说，好的毛茶可以用炭焙提升等级，但没做好的毛茶就很难通过焙火来提高品质了，最多只能保证不差。

因此，遇到好的毛茶，做茶师傅也会想要用更细致的方式去焙火。

要说炭焙，应从烘焙说起。

一款福鼎白茶，从采摘、晾青、萎凋、干燥，就算是完成了初制阶段，成为毛茶。而要成为完整的成茶，还要再经过挑拣，挑掉茶梗和黄片，再经过焙火，才算完成。

焙火，是福鼎白茶制作工艺中最后的一道工序。

而且依照白毫银针、白牡丹、寿眉（贡眉）品种，依茶性的不同，都

炭焙必备工具

会调整烘焙的程度和次数。

如果抛开其他层面不说，焙火的作用就是利用热力改善茶的香气、滋味，减轻茶的苦涩味，把茶的优点和特点保留并稳定下来。所以，我们目前可以看到的烘焙方式，有电焙，也有炭焙，它们都能达到焙火的目的。

而从经济层面上来看，电焙一次可以烘焙的茶量是炭焙的十倍左右，效率更高。而且不需要像炭焙这样起火、燃烧、打堆，耗材耗力，且有一定的操作难度，还不好控制。

因此，现在大批量上千斤的白茶，都是采用电焙的方式。只有茶量不多的白毫银针、荒野白茶或高山茶，仍然会用炭焙。

由此可见，炭焙白茶在某一些方面上达到的效果是要比电焙更好的。也就是所谓的附加分。

那么，到底是什么让炭焙优于电焙呢？有三个方面。

第一，炭焙的导热方式更全面。

我们知道加热一个东西的方式一般分为两种：热传导和热辐射。而这两种方式，恰恰就是电焙和炭焙的最大区别。

炭焙，因为要起火烧炭，彻底燃烧之后再覆灰打堆，以红外辐射为主来烘焙茶叶。

电焙，则是以发热导体加热电焙箱内的空气温度，从而导热茶叶来烘焙。

简单地说，炭焙的加热方式是茶叶内外一起受热，特别是茶叶中的内含物质，在加热的过程中产生各种化学反应，生成对我们有利的络合物，将杂质排出茶叶外。

而电焙，因为热力是从外往内而来，所以焙茶的时候不可能让热力完全吃透，茶叶内的内含物质的转化程度自然也就不如炭焙来得全面。

这也是我们觉得炭焙的白茶喝起来更柔软细腻的原因。

第二，炭焙补充了碳元素，增加化学反应。

茶叶在烘焙的过程中，糖类、氨基酸、果胶质都会因脱水转化成香气成分，儿茶素、醛类、醇类物质发生氧化分解反应，与氨基酸结合也能生成有利物质。

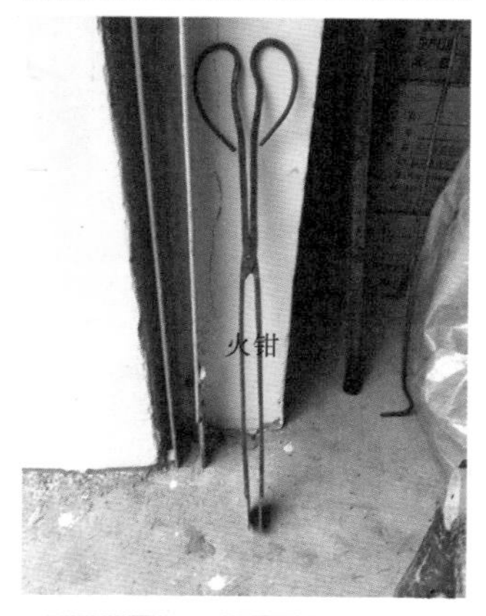

炭焙工具

而炭焙过程中，木炭燃烧释放的二氧化碳与茶叶内含物质都会发生一系列的化学反应。这些过程，最终造就了炭焙出来的茶在香气、滋味上都要比电焙的更为丰富。

第三，去异味。

木炭的吸附能力强，本身就是作为去除异味、可以吸潮的除湿剂。在烘焙的过程中，茶叶因一系列氧化反应排出的杂质和水分子，也会被木炭所吸附。因此炭焙白茶喝起来也会有感觉到更加醇净。

接下来我们来了解一下什么是炭焙。

炭焙其实就是烘焙茶叶的一种方法，利用焙火的火候改善茶叶的香气、滋味，去除青臭味及减轻涩味，使茶汤芳香甘润。烘焙也被我们用来解决茶叶出现受潮、杂味、臭青味等问题。

虽然现在科技发达，早已有了电焙机器，如用焙茶机、电焙笼等，机器虽然方便了很多，但是以前一直使用的炭焙至今仍为我们沿用，为什么？

原因很简单，炭焙是一门可以升华茶叶质量的烘焙技术。其操作过程包括起火、燃烧、覆灰、温度控制等，不仅耗时费力（特别是夏天，温度高，起几个炭炉，非常辛苦），又需专业性和经验，这是一种极不容易控制的茶叶烘焙方式，如果操作失败，会使茶叶品质劣化，成品带烟焦味。然而，炭焙可得特殊风味的优点，并使茶叶得到较长久的贮藏，仍吸引着许多人采用炭焙工艺。

在汤色上：电焙的茶汤汤色较浑浊，炭焙茶汤上面会很亮丽，像有一层茶油。

在味道上：电焙在冲泡时很香，喝时则淡而无味，炭焙茶在闻时不香，喝完口中会留有茶的香气，可以说电焙茶香气如昙花一现，炭焙茶如打太极拳，后劲连绵不绝。

烘焙于茶，引用一句话：毛茶的选择很重要，如没有好材料，巧妇也难为无米之炊。毛茶加工，最重要的是在萎凋时走水要走得快，烘焙的人对走水要很了解。毛茶与焙茶的关系就像木材与油漆，涂得好会很漂亮，但如果木材里面烂掉，很快地还是可以看到缺点。茶叶品质差，要提升品质，方法即是烘焙。

工序

1. 起炉

2. 燃烧

3. 覆灰

4. 温度控制

温度控制很重要，稍不小心，茶叶就容易过火。如果温度过高，可以通过调整灰烬的覆盖厚度来修正。

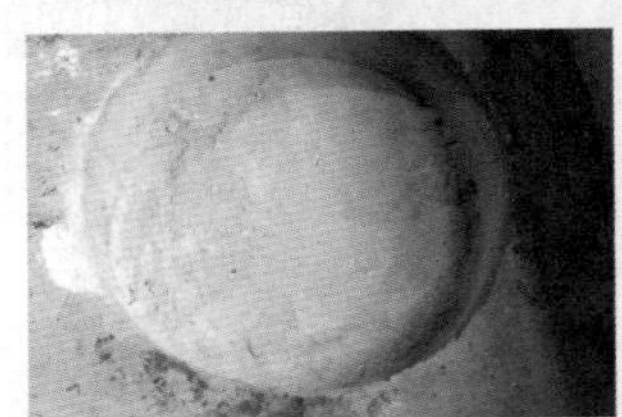

5. 烘焙

茶叶的烘焙量也要讲究，厚度，均匀与否都很重要，一般一个笼子也就能烘焙几斤茶。所以，一款茶叶就要分批次烘焙，控制好，保持一致性尤为重要。同时在烘焙过程中，要不时地翻茶叶，使其受热均匀。炭焙茶完全靠嗅觉，所以在焙茶时，要去翻茶，使茶叶制作过程中的发酵不足所产生的一股味道再靠炭焙调整去除掉。炭焙茶技术精的话，可以把它转为另一种特殊的香味。

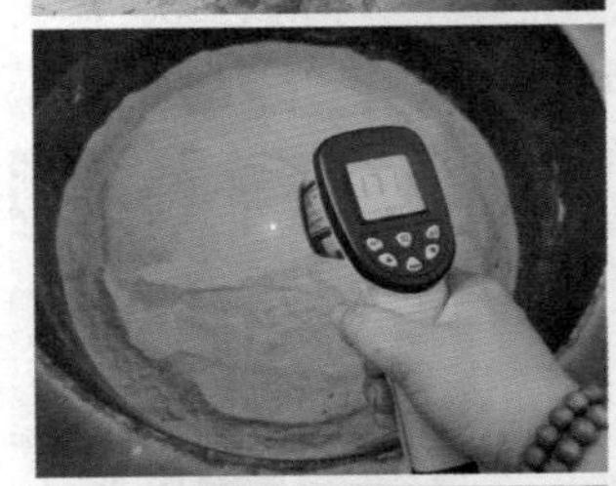

6. 试味

最后，就是烘焙好茶叶的试味。

烘焙好的茶叶，需要一段时间的退火期，放一两个礼拜以上最好，待火味消除，香气会转回，如不赶着喝，放个两三个礼拜，更好喝。

起炭炉最怕夏天，温度太高。因为炭炉一起，烘焙不停，必须把所有的茶叶一次烘焙完成，因此，普通的茶叶没办法都使用炭焙是很正常的。

拼配的白茶到底好不好，纯料是不是绝对好？

在外贸领域，茶叶拼配是一种常用的提高茶叶品质、稳定茶叶品质、扩大货源、增加数量、获取较高经济效益的方法。

“拼配”充满神秘色彩。所以总有茶友问及什么是拼配，为什么要拼配，拼配的白茶到底好不好，纯料是不是绝对好。

其实拼配不是次茶、纯料也并不能成为好茶的专属代表。要知道，合理的拼配是实现企业标准化生产的核心技术，可尽量发挥原料使用价值，使茶叶的色、香、味、形符合标准，以及做到产品质量的稳定性从而以质优创品牌。

如果要将拼配和纯料二者做一个对比，那拼配是绝对概念，纯料是相对概念。接下来，我们就从“拼配”的含义讲起。

“拼配”是茶叶精制加工厂“毛茶验收定级、精制加工、半成品拼配”三大环节之一。白茶的拼配涵盖很多内容，具体包括五大方面：

1. 树种拼配

根据《白茶》国标，白茶的适制茶树品种有大白茶和水仙种。如福鼎白茶就有福鼎大白茶、福鼎大毫茶和菜茶群体树种。品种拼配就是指选用不同适制白茶的茶树品种原料混制在一起，这是最常见的一种拼配方式，几乎涵盖

风选机

拣剔分级

了所有的白茶。

2. 茶山拼配

白茶产区有福建福鼎、政和等，每个县市又有不同的乡镇小产区，茶山众多，海拔不一，不同茶山的茶叶口感几乎都存在差异。茶山拼配，选用不同山头的茶拼配在一起。

3. 工艺拼配

白茶制作工艺主要是萎凋、干燥，具体有传统、新工艺等之分；萎凋方式有日光、复式和室内加温，干燥方式有炭焙、机器焙等。工艺拼配就是指不同萎凋或干燥方式之间的拼配。

4. 季节拼配

白茶按采摘季节有春茶、夏茶和秋茶之分，顾名思义季节拼配就是将春、夏、秋不同时段采摘的茶进行相互拼配。茶农或茶企每天生产的茶叶产量有限，必须进行适当的拼配才能有量产商品茶供应。

5. 年份拼配

指把不同年份的半成品茶拼配在一起，如今年的新茶与去年的存茶拼配。

拼配目的可归纳为 12 个字：扬长避短，显优隐次，高低平衡。

扬长避短：以福鼎白茶为例，主要是指发挥福鼎大白茶、福鼎大毫茶特有的品种香、产地香风格特点。

从总体来说，春茶生产出来的精制茶身骨重实，滋味浓醇；而夏、秋茶生产出来的精制茶身骨轻，净度差，滋味欠浓。加上不同茶区的香气、滋味和外形的塑造都有各自的优缺点，拼配前要把各茶区春、夏、秋茶的再制品分开，根据产品的特点，尽量发挥长处，克服短处，以长盖短，突出产品的风格。

显优隐次：主要是指半成品的优次调剂。

高低平衡：半成品都是单机筛号茶，由于原料的地区、级差、季节、山区、萎凋程度轻重等存在差异，而各筛号茶又有大小、长短、粗细、轻重之别，其品质有高有低，有优有次。拼配时要尽量把茶的优势显现出来。

回到茶的初心

深邃而又旷远的七弦之音，纠缠着淡淡的茶香，萦绕在我的周围，空灵与飘逸的韵味显得庄严又温婉。

狭小的书房里弥漫着丝丝梵音，一份禅之意境，如同在云水间流淌一般，我沉浸在“无我”的境界中感受“有我”的存在，此刻不由得想到“茶禅一味”四个字。茶本无禅心，是禅在茶中，茶在禅间，才寄情于山水，让我在优美的曲调里，品一份雅致的情趣。

空灵的音乐，蕴藏着岁月的底色，沁一缕悠然的禅意，在书房的每一个角落回荡。这一刻，我分不清自己是在喝茶呢还是在听音乐，或者都有之吧，听着音乐，喝着茶，任月色爬满窗。

时光如杯子里的茶水，啜一口，便在唇齿间留香，凝视窗外的月华，感慨“月色入壶”之际，心情纵然寥落亦情了。

似乎习惯了这样孤独的氛围，或许是习惯了忍受一份寂寞，每当夜色

降临，我便会放下白天的喧嚣，从容地给自己泡一杯白茶，让一杯清香慰藉平静的夜晚。就像刚才，在煮水、烫杯、泡茶、续水之间，听着音乐享受一种淡然和一份宁静。对于每一个或看书或写作的夜晚，这样给自己泡一杯茶，在喝茶的过程中，或沉淀自己的思想，或凝视窗外的月华，真不能不说是一种“奢侈”了。

杯中的茶水在音乐声中散发出一缕幽香，淡淡的，却沁人心脾。

这样的夜晚，无人来打扰，一个人喝茶，喝的是一种心境，这样的时刻，身心被净化，滤去白天的浮躁，沉淀下的是思想。很多这样的夜晚，我总是感叹，人生如茶，注定在红尘中浮沉。也情不自禁会去想，茶是琴棋书画诗酒茶的一种情调，茶那种欲语还休的沉默，那热闹后的落寂，果然蕴含着一份禅意。

一个人这样喝茶的时候，我总是会想，茶是我对春天里那一缕记忆的收藏。就像这一刻，我仿佛可以感受到春日那份慵懒的阳光。

我喜欢用玻璃杯泡白毫银针白茶。看着一片片茶叶在水中翻卷着，如同一个个精灵自由自在地翩翩起舞。很多这样美妙的时刻，我欣赏着茶叶的舞姿，听着空灵的音乐，会突然间想起让我魂牵梦绕的一种惊鸿之舞。

“从来佳茗似佳人。”站起身，放下杯子，我不由得脱口而出。

一片片茶叶，在水的浸润下舒缓地展开，果然如同长袖曼妙的绿衣舞者，在音乐中渐入佳境。此时此刻，我的思想仿佛产生了一种错觉，眼前杯子里的一片茶叶渐渐地模糊，而脑海深处那个惊鸿之舞的女子的面庞却愈发清晰。那是一种怎样灵动的美啊！

茶叶在生命最为鲜嫩华美的时候离开了它的生命之树，在经历了一遍遍萎凋、烘焙的磨难之后，哪里还有那份娇嫩的模样？而眼前的杯中，茶叶与水完美融合，在散发出一缕淡雅的香气之外，我想，更具有了一份梦想与现实相结合的境地。

或许，每一片茶叶在吸吮了天地之精华后，就为了这一瞬间华美的绽放吧。这是一种怎样的美？是一种为了瞬间的精彩而释放自己灵魂的凄壮之美？是为了瞬间与水的自由舞蹈而生发的相知之美？是为了将一生凝聚的精华尽情展露的大气之美？窗外有风儿吹来，月光依旧能满窗，一杯茶，一缕风儿，一片月光，一人，一世界，一份落寂之外却显得如此的融合。

茶叶遇水而舍弃了自身，才会有茶香四溢，喝一口清香入心的热茶，我忽然想，一片片飞舞的茶叶，在水中幻化着茶山里那份宁静和淡泊，幻化着自己生命的沉重，而后，把一份轻盈的姿态展现在人们的眼前。

想到这里，我不由得感悟“茶禅一味”的内涵，自古禅修心，洗涤尘心，茶，品人生浮沉，禅，悟涅槃境界。一片片茶叶，在水中，如同众生望着彼岸，是那么的富有禅意。

对我来说，品茶是一种享受，不仅让自己与山水自然地融为一体，而且在饮茶中能够得到精神上的一种释然和思想上的一份沉淀。我很少独自喝酒，却喜欢独自品茗。一个人喝茶，我明白喝的是一种心境，一种对生活感知的态度，那种从容、淡泊的心态有了依附之物，因此，对生活才会有所感悟。就像此时此刻，喝着茶，我会思考人生，会品味人生，甚至会把茶叶在水里的翻腾看作一个女子曼妙的舞蹈，甚至幻想着，她在清水中尽情地舞动身姿，如同出水的芙蓉，与我入心地对话。

这样月华如练的夜晚，一个人喝茶，其实就是一种孤独的象征。既然孤独在滋生，就应该听着古琴曲，让音律伴我清寂，让一杯清茶，延伸一份恬静。

杯子里的茶从淡淡的苦到醇醇的香，每一次生命之水的延续都让我有一种全然不同的感受。等到杯子里的茶喝得淡了，我就会随手翻开一本书，把自己融入到诗词之中，摇头晃脑地唱道：“诗茶之道，至善至美，不臻者，思之！思之！”

静谧的夜晚，就应品茶读诗。细嚼自己的人生，如同品茶，须轻呷慢饮，才能领略其中的神韵。

其实，文人与茶之间，就如文人和酒一样，总有着说不尽的种种情缘。千百年来，茶，已经被文人墨客注入了丰富的文化内涵，从而形成了茶文化。

“欲把西湖比西子，从来佳茗似佳人。”我觉得这样的茶带着一种典雅，甚至情有独钟。

“落日平台上，香风啜茗时。”在这里，我仿佛看到杜甫的蹉跎不遇，以及心中那份隐伏的不平。

无论是古代还是现在，浓郁的茶香早已经飘散到了各个角落。千百年来，那些品茶抒情、寄情于茶的诗句数不胜数。在古代，文人以茶会友，在茶香弥漫中吟诗作赋，这样的场景里，茶就成为了诗人寄托情感、寻求心灵慰藉、感悟人生真谛的挚友。

我曾读过晋代诗人杜育的《茶赋》，但说到茶事，不可不提“茶圣”陆羽撰写的《茶经》。每每说到茶文化，我就会想到正心，会想到修身，甚至会想到修心。

茶可以处于庙堂之高，也可以处于江湖之远，现实生活中，柴米油盐酱醋茶这开门七件事中，茶尽管被排在最后，尽管显得普通极了，但作为一种待客之道，怎能少了它。

我小时候，父亲喝的茶都是他自己做的。那时候是生产队的茶山，茶叶产量低，分配到户的嫩叶自然少得可怜。记忆中，父亲作为国营茶厂的制茶工人，他把嫩叶薄薄地摊放在竹篾上，放太阳下与大自然充分接触，每天早上晒 2 小时，下午 2 小时，如此反复晒上两三天。

父亲一边做着茶，一边和我说晒茶叶时的各种步骤，那时候，我又没有喝过茶，自然是摇着头和父亲说，我才不要知道这些呢。父亲听到我这样回答他就不高兴了，他板着脸说，一个男人长大以后必须懂得茶，不仅要会喝茶，而且还要会做茶，只有自己亲手接触过茶叶，你才会真正地懂得茶的精髓所在。这也影响了我后来的专业选择，成为我读农校的启蒙因子。

小时候，只要父亲板着脸，无论任何事，我都不敢再违背他的意旨，于是，我就站在一边，耷拉着脑袋听着父亲传授采茶、制茶茶经。“看天做茶，看青做茶，看茶焙茶，文火慢焙。”时至今日，父亲对于晒茶的一些要领，我仍然记忆犹新呢。

我的印象中，父亲对于喝茶很讲究，存储茶叶有专门的锡罐，平时喝茶有专门的杯子，夏天喝茶还有一只陶土烧制的茶瓶，一把茶壶，据父亲说是他年轻时制茶比赛公家奖励的呢。

鲜叶质量标准

按照一定茶类的标准要求，从茶树新梢上采摘下来供制作茶原料的芽叶，称为鲜叶。茶叶品质的优劣，首先取决于鲜叶内含有效化学成分的多寡及其配比。制茶的任务就是控制条件促进鲜叶内含成分向有利于茶叶品质的形成发展。

鲜叶采摘脱离茶树母体之后，在一定时间内仍然继续进行呼吸作用。随着叶内水分不断散失，水解酶和呼吸酶的作用逐渐增强，内含物质不断分解转化而消耗减少。一部分可溶性物质转化为不可溶性物质，水浸出物减少，使茶叶香低味淡，影响茶叶品质。导致鲜叶变质的主要因素有温度升高、通风不良、机械损伤三个方面。根据导致鲜叶变质的主要因素，采用相应的保鲜技术。保鲜技术的关键主要是控制两个条件：一是保持低温，二是适当降低鲜叶的含水量。

鲜叶质量标准，除了匀度和新鲜度要求一样外，其他质量指标，依各种茶类不同而异。人们将这种具有某种理化性状的鲜叶适合制作某种茶类的特性，称为鲜叶适制性。根据鲜叶适制性，制作某种茶类，或者要制作某种茶类，有目的地去选取鲜叶，这样才能充分发挥鲜叶的经济价值，制出品质优良的茶。

福鼎白茶依鲜叶采摘标准不同分为白毫银针、白牡丹、贡眉和寿眉。

白毫银针：采自福鼎大白茶或福鼎大毫茶品种嫩梢的肥壮芽头制成的成品茶。

白牡丹：采自福鼎大白茶、福鼎大毫茶、菜茶群体嫩梢的一芽一、二叶制成的成品茶。白牡丹依茶树品种不同可分“大白”和“小白”。采自福鼎大白茶、福鼎大毫茶品种鲜叶制成的成品茶称“大白”，采自福鼎菜茶群体品种鲜叶制成的产品茶，称“小白”。

贡眉：采自福鼎菜茶群体的芽叶制成的成品茶。

寿眉：由福鼎大白茶、福鼎大毫茶、菜茶群体嫩梢的一芽三、四叶制成的成品，或制“白毫银针”时采下的嫩梢经“抽针”后剩下的叶片制成的成品茶。

分田到户以后，别人在山上种粮食作物或土菜茶，父亲却从农科所买来了优质品种福鼎大毫茶、福鼎大白茶，在后山种了很大的一片。没几年，茶园就变得郁郁葱葱了。每年清明前，别人的茶叶都刚刚发芽呢，母亲就每天拎着一只小篮子在采摘嫩芽了，而晚上晾青自然变成了母亲的一门功课。那么多年了，我从未看到母亲喝过茶，但是，父亲喝的茶，都出自于母亲的手。

当我喝茶以后，我也去采摘过茶叶，并且在父亲的指导下也学会了晒茶。记得父亲有一次和我说，晒制得好的茶叶，绝对是看上去满身披毫、白间隐翠，而且一旦入水，自然发出一种淡雅的清香，喝进嘴里就会有一种回味绵长的感觉。父亲说好的银针白毫茶，汤色会杏黄清澈，用白瓷碗一泡就见分晓呢。

或许是受了父亲的影响，慢慢地，我也习惯了喝茶。父亲说，尽管他好喝茶，但他也只喝过福鼎的白茶、绿茶、红茶，他认为茶还是以福鼎产的茶品质最好。我和父亲开玩笑说，母亲晒的茶难道不好吗？父亲说，这么多年来，他从未去买过别的茶叶便是一个最好的答案。其实我也喜欢喝母亲采摘晒制的茶叶，不说别的，闻着就有一种清香，一种淡淡的“阳光味道”。

茶在父亲的世界里纯粹是一种精神内涵，日出前有之，午休时有之，日落时有之，我想，父亲是通过品茶演绎着自己的农耕之美。而茶在母亲的思想里纯粹就变成了一种相夫之乐，从一杯茶去理解父亲的个性与心性，母亲几十年如一日，无怨无悔。

不知不觉间音乐停了，站起身，我去重新换上茶叶，先冲入少许开水浸润茶叶，待茶叶舒展开后，再将杯子慢慢地斟满。一时间，只见杯子里“白云翻滚，雪花飞舞”，一阵阵淡淡的清香袭来……

杯中密码，亦茶亦药

“我每天都要喝十杯茶，第一杯就是福鼎白茶。”这是百岁茶界泰斗张天福老先生透露的养生秘诀。

与“神农尝百草，日遇七十二毒，得茶而解之”相呼应，尧时的太姥娘娘将茶的芽芯晒干用于救治麻疹，这便是白茶药用的最初雏形。

在民间，福鼎茶农常用陈年白茶治疗咽喉肿痛、牙痛、水土不服、无名发烧、疑难杂症等，见效神速。民国文人卓剑舟著《太姥山全志》时就已考证出：“绿雪芽，今呼白毫。香色俱绝，而犹以鸿雪洞产者为最。性寒凉，功同犀角，为麻疹圣药。运售国外，价与金埒”。

白茶入药典，很多著名的药店每年都会到福鼎收购白茶，存一段时间，为药或药引子。20 世纪计划经济时代，北京同仁堂每年向福建省茶叶总公司调拨 50 斤的白毫银针，作为配制高级药丸用，就是看中白茶独特的药效。

日本“3·11”大地震发生后，福鼎市政府紧急调拨一批福鼎白茶，通过国际特快专递寄往东京，希望具有防辐射、抗辐射功效的福鼎白茶，能为坚守在抗震救灾一线的我国驻日大使馆人员健康作出贡献，送去茶区人民最深切的慰问和最崇高的敬意。我驻日大使馆收到这批茶叶后，感动地表示这是祖国人民在关键时刻的“雪中送炭”，并为此发来感谢信。从中也可以看出，白茶的抗辐射效果好。

陈年白茶药理作用被越来越多的人所接受。储存得当的陈年白茶可以缓解肠胃不适，能改善、调和肠胃的菌落，还具有较强的降脂功能。白茶经陈化后其分子结构更细微，而且易于进入人体的微循环，更容易被人体吸收。

2009 年，福鼎市政府委托了中国疾病预防控制中心营养与食品研究所韩驰研究员对福鼎白茶的免疫、降血糖作用等功能进行研究。

2011 年，由刘仲华教授牵头国家植物功能成分利用工程技术研究中心、清华大学中药现代化研究中心、北京大学衰老医学研究中心、教育部茶学重点实验室和国家中医药管理局亚健康干预技术实验室等五大著名机构技术资源与科研团队，以福鼎白茶的白毫银针、白牡丹为研究对象，历经一年多的时间，用世界先进水平的细胞药理与分子药理研究手段，进行数十次严谨科学的解析论证，科学揭秘白茶保健养生功效，发布福鼎白茶具有显著的美容抗衰、抗辐射、抗炎清火、降脂减肥、调降血糖、调控尿酸、保护肝脏、抵御病毒等保健养生功效的研究报告，对福鼎白茶的功效作出了科学的解析论证。

近年来，王岳飞、屠幼英、龚淑英、林智、孙威江等专家对白茶保健功效做了大量的研究工作。王岳飞教授的研究发现茶氨酸具有显著提高机体免疫力，抵御病毒侵袭；具有镇静作用，抗焦虑、抗抑郁；增强记忆，增进智力；有效改善女性经前综合征（PMS）；有效增强肝脏排毒功能。王岳飞教授把福鼎白茶归纳为五种茶：消炎降火茶、女人茶、伴侣茶、旅行茶、梦之茶、状元茶。

1. 降火消炎茶：白茶具有清热祛火的功效。

2. 女人茶：白茶抵抗自由基，多喝白茶，可以延缓衰老，美容养颜。

3. 伴侣茶：喝红葡萄酒饮白茶，一红一白结合，白茶可以解决饮用红葡萄酒容易上火的难题。

4. 梦之茶：白茶可以清热降火，让人清心除烦，安神定智，有利于人们获得良好的睡眠。

5. 旅行茶：白茶具有耐泡的特点，一天旅途一杯茶，可以有效缓解或消除旅行中的疲劳。

6. 状元茶：福鼎白茶的茶氨酸含量远高于其他茶类，有益于改善记忆力，提高智力，莘莘学子都应该多喝福鼎白茶，实现求学之梦。

近年来，人们对茶叶饮料需求及饮用方式一直在不断发生变化，为把中国的传统饮茶文化更好地融入现代生活，寻找一种更适合大众的消费方式，除了运用科技手段使生产朝向更标准化的方向发展外，人们还创新出了多样化的白茶衍生产品。

福建茶叶专家陈郁榕老师曾说，茶叶不是药，但它胜似药，茶不可治病，但可防病，有病去医院。

白茶神庙茶会

福鼎白茶（福州）仲夏品茗会

老白茶：把茶交给时间

白茶是被悄悄收藏的记忆。注水，唤醒她们的生命。随着温度的升高，夹杂着花香的蜜香散溢出来，细嗅带着温度的盖碗、公道杯和品茗杯，轻轻平晃几下，扑鼻醇香；啜茶，整个口腔内各种香气拥挤起来。

茶叶几经翻腾，几经辗转，在水中找到最适合自己的位置时，尘埃落定般恬静自若。这时一杯茶的心思，就像一个人。而泡茶品茶的你，历经了如茶叶般上下沉浮之后，亦如一杯茶。

以毫香蜜韵著称的福鼎白茶，在清代贡茶中占有十分重要的位置，名重天下，价等黄金。

“柴米油盐酱醋茶”，这里的茶是嵌入生活里的，生活是生命存在的重要载体。

潺潺雨夜，雨从隔了许久的记忆里走出来，叮叮地敲着窗子，如记忆叩响心门。此时应喝杯老白茶，看似轻盈的薄，实则内敛的厚。清浅的苦，袅袅的香，从舌尖到舌两侧再到舌根，舌根处的醇和让你想起了哪些浓淡事？

午后日影西斜，小憩时最好由老白茶当道，三五知己歪斜了身子谈天说地，一壶老白茶，足够日头落到山那头去。老白茶茶汤久泡仍浓甘清洌，鲜亮地荡在杯中，如同这触手可及的情谊，长久甘远。

闽茶在晚清备受恩宠，而福鼎白茶便是这场味觉饕餮的主角。福鼎白茶靠一种优雅的毫香蜜韵征服了时间。如果从清初开始算起，福鼎白茶的那脉醇香至少已在京城的皇宫里香了 300 多年。

一杯茶的时间有多长？由淡涩到浓醇，再转至平平淡淡。

一种心思有多长？从心潮起伏到淡定自若。

茶叶的一生有多长？在杯里反反复复地起伏不定，踩满足迹，时光荏苒后再沉默而微笑地沉淀在杯底。

严格按照传统工艺制作的品质较好的福鼎白茶，其价值也会随着存放时间的变长而有所提高。白茶的内质成分具有奇妙的药理作用。在日常的品饮当中，老白茶的滋味和魅力也更让人体会到“言有尽而意无穷”。

老白茶讲究的是陈香。老白茶经过多年醇化，青味火气早已褪去，白茶的蜜韵已经显露出来。

白茶的品质以其特有的香气和滋味为主：由茶多酚、生物碱、有机酸、维生素等物质以及一些香气成分组成。这些内含物质多为还原性物质，极易受湿度、温度、光线和氧气等环境因素的影响。它们相互进行水解反应、氧化反应、缩合或聚合反应等，形成茶的汤色、香气、滋味品质特征。这也是茶叶陈化的主要机理。譬如产生一些我们称之为“陈”的香气。

老白茶的内质转化，就滋味而言，因各人的嗅觉与味觉不同，感受就会各有不同。当然，白茶在各个时间段的存放期里表现也不尽相同。

福鼎茶农建房有个传统习俗，在安放中脊横梁时，要在横梁正中悬挂一包茶叶。这包茶叶只能等拆房子时才取下，叫“悬梁老茶”。一般的悬

熬煮老白茶

梁老茶都有几十以至百把年的历史，有的老茶已经霉变。我试过品质好的悬梁老茶，口味与近百年历史的“号级”老普洱一样，都是饱满的淡味，大盈若冲。

我喜欢老白茶的厚重，个人体会，老白茶具有消炎降火、暖胃清胀、除脂轻身等功效。知道我爱喝老白茶，福鼎茶友都精选福鼎白茶，手工压制了一些茶饼送我。自制的绵纸包装上有一段字：“福鼎白茶，一年茶，三年药，七年宝。”

“雨前虽好但嫌新，火气未除莫接唇。藏得深红三倍价，家家卖弄隔年陈。”清初的这首《闽茶曲》道出焙火后的岩茶需要陈化的特性。虽然说的是武夷岩茶，但这个道理也是适合福鼎白茶的。刚刚紧压的白茶，香气给火压住出不来，茶味焦燥，需要时间陈放转化。这就是传统老白茶讲究的“陈香”。

老白茶虽好，但难求，一般茶客莫追逐。老白茶喝一泡少一泡，时下的老白茶皆为私藏，好东西都在藏家手里，市面上很少流通。再者，饮者境界未到，真正遇上陈年茶宝，心境不能相应，恐怕也是“猪八戒吃人参果”，不得要领。

茶人明白，喝茶喝上不归路，指的就是嗜爱老白茶者。这是戏言也是真语。对一般茶客而言，遇上机会，蹭上一杯，沾沾口福，足矣。

一入陈茶深似海，从此茶客是痴客。总之，老白茶的种种变化与好处不胜枚举，穷极要妙——它使人口齿噙香，使人心神舒畅，使人念念不忘。

所以，好茶，难寻。好的老白茶，更难寻。

老白茶的魅力除了风情万种之外，还在于它在时间长河里的奇妙变化。只要茶本身的品质优良，再加上储存得当，你不用担心它是否过期，它反倒还会时不时地给你惊喜。藏一片白茶，与岁月同行，陪自己慢慢变老。

恋上白茶的茶友都有如此感慨，经常喝白茶，就会很难戒掉。除却巫山不是云，说不上为什么，就是喜欢那个感觉。现如今的各地茶市场，老白茶已经成为一道吸引茶客的风景线。

老白茶，即贮存多年的白茶，其中的“多年”是指在一个合理的保质期内，比如 10~20 年。在多年的存放过程中，茶叶内部成分缓慢地发生着变化，香气成分逐渐挥发、汤色逐渐变红、滋味变得醇和，茶性也逐渐由凉转温。

一般的茶保质期为两到三年，因为过了三年的保质期，即使保存得再好，茶的香气也已散失殆尽，白茶却不同，它与生普洱一样，储存年份越久茶味越是醇厚和香浓，一般五六年的白茶就可算老白茶，十几二十年的老白茶已经非常难得。

从外形来看，通常老白茶会被压成茶饼或茶砖，当我们拿到茶饼（砖）时候，要先看外表。真的老白茶外表被氧化，整体呈现暗色，色泽均匀；做旧的老白茶，往往色泽不统一，有些地方呈暗色，而有些地方又发亮。

从汤色来看，真的老白茶冲泡出水后，汤色呈黄色或琥珀色，年份越长汤色越深，但无论如何，色泽都是透亮鲜明，丝毫不浑浊。而做旧的发酵后的老白茶，尤其是已经变质的白茶，汤色往往浑浊不堪。

从香味来看，真正的老白茶会有一股浓浓的药香，闻之沁人心脾，随着年份的增加这股香味会逐渐加强。茶汤入口，甘甜生津，药香融入柔滑、黏稠的汤液中，经由喉咙直击心窝，回味无穷。而假的老白茶，闻起来除一股发酵后的茶汤味之外，别无其他。

从耐泡度上来看，真的老白茶泡过十几泡之后，汤色和味道依然不比初泡时差多少；而假的老白茶，到了十几泡之后早已淡而无光，索然寡味。

从叶底看，真的老白茶，即使是陈期十多年以上的，经过多次冲泡后，叶底仍然可以看到棕色；而假的老白茶，有些因为发酵过度，冲泡后的叶底往往呈黑色。

以上的五点可以判断出什么是老白茶，只要有一点不符合那就肯定不是老白茶，判断的时候最好多看看多闻闻，不要看到符合一点就轻易下结论。老白茶的功效是新的白茶所不能及的。

福鼎白茶之所以能受那么多人的喜爱与关注，不仅是因为白茶的营养价值高、口感清润和养，更因为白茶存放时间越长，其药用价值越高，极具收藏与投资价值。

存放几年的老白茶，汤色金黄透亮，口感鲜爽，有那么一点点涩味，但回甘明显，像四五年的爱情，虽然有一些摩擦争执，但还是甜蜜，充满激情。

一些存放多年的老白茶，茶汤晶莹透亮，陈香扑鼻，顺滑绵长，虽然经历了岁月的磨炼依然生气蓬勃，像一个历练风雨的坚强男子，从内向外透发着无限生机和不安分，又如那饱读诗书、满腹经纶、诙谐幽默的贤者，和他相处，总觉得浑身通透，精神焕发。

一些制作工艺上乘的福鼎老白茶，汤色红浓如陈年葡萄美酒，浓艳得炫目。举杯轻闻，陈香，却淡如薄烟，早已没有新茶扑鼻而来的清香。而慢饮一口，茶汤醇厚，黏稠，但滋味却很平和，没有任何刺激味蕾的感觉，不由得想到“少年夫妻，老来伴”这句话。

山哈茶米：她们把图腾泡在茶缸里

七月骄阳如火，麦穗黄似金子。

草帽婆娑，橹声欸乃，绿野耕耘催人急。

蒲扇生风晚，柳荫不虚设，蝉鸣声下惑不得，解暑还靠自然。

屋里阿婆炖茶，烘炉火花四溅。

春妮芳龄十八，肩挑茶担，长辫飘逸。

田间茶水几瓮，回眸一笑间，老叶红梗亦氤氲。

阡陌悠悠，望尽绿野春色。

水沸鱼目，笑谈十月丰收。

我的家乡在福鼎市佳阳畲族乡的一个小山村，提起“山哈茶米”，其实就是原生态的白茶，可谓众所周知。

福鼎是中国白茶发源地，人称“世界白茶在中国，中国白茶在福鼎”。福鼎地处东海之滨、闽浙交接，而佳阳畲族乡坐落于覆鼎峰山脚下，旁边的天湖山、鹤顶山、沙埕港贯穿东西。家乡除了白茶有名，也盛产水果和海产品。邻里之间崇尚礼节，善于交际。

一年四季，从炊烟升腾的黎明起，喊吃茶的乡音从不间断。家乡从前闭塞，开门见山，出外动橹。白浪滔滔的沙埕畔，渡口纵横，竹簖密布，小河交错。风从梦中过，船在画上飘。平时出门较少，有了吃茶这等嗜好，生活就不会寂寞。平时邻里相邀，茶场无数。香茗不淡，茶水氤氲。闲来吃茶，以茶会友。茶桌上的咸菜苋萝卜干，咀嚼不厌。谣曲一声，一呼百应，对于吃茶者来说，何尝不是一件乐事。

水泽润物，沧海桑田。久而久之，家乡的“山哈茶米”形成了民间的一种礼仪。民俗的传承性于其民间是一大之盛事。历史悠久的“山哈茶米”，从坎坷的昨天，一路走向新的时代。它朴素，豁达、好客，充满风土人情，也不乏精彩纷呈。早些时候，除了种田、平时喝茶，乡村人还跟做“虾笼”结下不解之缘。民谣曰：“福鼎落在湖当中，做的虾笼两头通。”如今位于覆鼎峰下、沙埕港湾的一个个村庄，小楼幢幢，环境优美，风光旖旎的福鼎畲乡，已成了美丽乡村。畲族歌手李枝枝原创的《采茶歌》生动地描绘了山哈人采茶之美景——

畲乡采茶

畲乡采茶歌

“正月采茶上茶山，青山茶树叶青青，这轮采茶来卡早，那是空手转回行；
二月采茶是春分，早茶抽芽香喷喷，头采嫩芽一等品，白毫银针值金银；
三月采茶清明前，买茶人客都来争，高山白茶品质好，清水泡茶香又甜；
四月采茶正当忙，天气回暖茶快长，左手提篮右手采，一工日头晒到暗；
五月采茶节来到，采茶人姐心又愁，雨水天时茶难采，脚穿水鞋戴笠头；
六月采茶年中央，日头是火热难当，手拿汗巾擦汗水，也没树影好遮凉；

七月采茶七月半，三茶抽芽满园青，两叶一心就要采，那是卡长麦值钱；
八月采茶是中秋，娘尽嫩采粗不留，有心茶籽都采净，下轮要等白露抽；
九月采茶是重阳，白露茶青采净光，手拿锄头去除草，茶树开花白茫茫；
十月时节是立冬，采茶人姐转回门，采茶也是艰苦事，日头晒了成包公；
十一月时节冬至来，采茶人姐心正开，一年茶事都做完，四处游玩笑微微；
十二月时节是年前，采茶人姐心正欢，又做新衫买鱼肉，家家户户过大年。”

畲族人对于喝茶的热爱已有几千年的历史。“山哈茶”的得名，有这样一则传说，汉代东方朔受汉武帝之托封授名山，路过这里口渴难熬之下走进路边村子，只见人们正在喝茶。东方朔来到了一户人家，一看喝茶的人大多是妇女和老人，他便向老妪讨了碗茶水喝。一碗茶水下去，一解旅途劳顿之苦。临走时，表示感谢，他开心说道：“山哈，这茶好喝！”。过后有人听之为，“山哈茶”好喝，于是此名就一直沿用下来，一直要喝到九道。

现在畲族人把这种迎客茶称为九道茶。因有九道步骤得名，是福建闽东畲族人礼遇宾客的一种饮茶方式。作为书香门第之家待客的一种礼仪，“九道茶”茶艺要求温文尔雅，注重体味茶的俭德内蕴和文化内涵。

畲族九道茶选用的茶叶一般为福鼎白茶中的寿眉、“闽红”三大系列中的福安坦洋工夫、福鼎白琳工夫，具体冲泡方式为：

第一道：择茶，就是将准备的各种名茶让客人选用。

第二道：温杯（净具），以开水冲洗紫砂茶壶、茶杯等，以达到清洁消毒的目的。

第三道：投茶，将客人选好的茶适量投入紫砂壶内。

第四道：冲泡，就是将初沸的开水冲入壶中，如条件允许，用初沸的泉水冲泡味道更佳，一般开水冲到壶的2/3处为宜。

第五道：瀹茶，将茶壶加盖5分钟，使水浸出物充分溶于水中。

畲族九道茶茶艺表演

第六道：匀茶，即再次向壶内冲入开水，使茶水浓淡适宜。

第七道：斟茶，将壶中的茶水从左至右依次倒入杯中。

第八道：敬茶，由小辈双手敬上，按长幼有序依次敬茶。

第九道：喝茶，畲族九道茶一般是先闻茶香以舒脑增加精神享受，再将茶水徐徐喝入口中细细品味，享受饮茶之乐。

福鼎畲乡人喜欢吃“山哈茶米”。逢年过节，日常家事，招待客人，摆开八仙桌，客人一坐下来，都得喝上一碗热腾腾的清茶。久而久之，这一碗民间茶成了一种别开生面的民间“茶道”。平时邻里之间，你来我往，其乐无穷。一天喝二三碗茶不在话下。家乡人不叫“喝茶”，叫

“吃茶”。平民百姓吃茶，不像文人墨客喝茶讲究个“品”字。百姓之家，似乎用一个“吃”字，更显得淋漓尽致，具体而形象。茶的滋味很美，吃茶人吃出了念头、吃出了习俗、吃出了气势！或许习惯成自然，逢年过节串门儿，相互送的礼物少不了茶叶。平时出门办事，出远门，忘不了给家里捎上些茶叶，或添个像模像样的茶器。

20 世纪六七十年代，日子拮据，一般乡亲拣最便宜的茶叶喝，什么样的茶叶都喝过，老茶叶虽然苦涩，但回味之间，不乏有一种自然的清香——往昔的日子，不说心里也清楚，开门七件事，平时忙忙碌碌，一心扑腾在做不完的农事上。再苦再累，茶不能不喝，否则就不像生活。故每天村子里，茶馆店里，茶场子照样红红火火，人声鼎沸。随着时代的变迁，家乡人喝茶不像从前，茶叶也讲究多了。而且吃茶的“咸头”，除了时尚的茶点、水果，还在不断翻新。不同的季节，吃茶的茶点也不同。但吃茶人没有忘记初心，还是喜欢吃家常的，像面茶糕、花生糖酥、毛豆荚、挂霜芋。越是土的东西，越吃得开。如今，粉墙黛瓦的村庄里，热爱吃“山哈茶米”的人们，依然如故吃着茶。

一杯茶的时间旅行，每个人的“十二个春秋”

千人千茶、千茶千味。一旦爱上茶，就意味着对一种生活状态的选择，宛如每个人的“十二个春秋”。

我们茶杯里的“十二个春秋”，茶汤色泽杏黄，充满活力和青葱，今年是它的第一个春秋，十二年之后，我们会在哪里，会怎么回忆这杯茶，而它又会变得怎样？

喝福鼎白茶，你沏，我饮，等待的是一盏温热后的回味。之所以有人称福鼎白茶为喝茶人的“终极选择”，一方面是指福鼎白茶的香气丰富，滋味丰足，口感丰满，另一方面是因为品味福鼎白茶需要较高的品茗水准，非此道高手不能为之。

喝茶，拿起、放下而已；但妙就妙在整个品茗过程，一杯一盏会有不同的感觉。甚至有“千人千味之感”，而茶类之中，福鼎白茶把这句话体现得淋漓尽致。有人曾说品福鼎白茶，品到极妙处仿佛有爱恋的滋味，这话不假。但也有人说“茶过三巡，便索然无味，和当初的芳香大相径庭了”。

品茗用具

其实，福鼎白茶品味起来较为复杂，香气、滋味、生津回甘各领域有涉猎，在口腔之外，喉韵、气感这些独有的体验更需要细细体会。而且因为海拔、树龄的差别，福鼎白茶会拥有迥异的表现，随着储存时间、环境的不同，即使同一款福鼎白茶也会拥有不同的味道，这些都让福鼎白茶的品饮成了对品饮者的水平的考验，也让白茶爱好者们深陷其中不能自拔。

茶叶的香型气味，据说有数百种，很多味与我们周边的一些参照物相似，故而多用参照物来形容，又各人嗅觉味觉敏感程度大不相同，故而同一种茶所形容出的香气滋味也大相径庭，这是没法子的事，现只能将形容福鼎白茶的 30 种气味全部收罗如下，并浅析其味的成因，姑且供爱茶者对号入座：

1. 毫香：最具特色的福鼎白茶香气。顾名思义就是“毫”所表现出来的香气，与“粗”相反，这种小芽未展的鲜嫩也独具一种特色之香，让人更觉清新可人。白毫是茶叶嫩芽背面生长的一层细茸毛，干燥后呈现白色，如果保持其不脱落，茶叶显现白色，为白茶，浸泡后，白毫仍然附着在茶叶上。

2. 清香：这是当年新白茶最常用的一个香气描述，以其有清鲜淡然之意，与浓郁芬芳截然不同，让人嗅来有素雅之感，如深山老林、广袤草原之气，无扑鼻之香，却自然和谐，让人舒适。茶叶的清香的气味分子构成主要是青叶醇以及一些简单脂肪族分子。萎凋初期，随着叶温上升，顺势青叶醇大量挥发以及转变成反式青叶醇，加上一些高温下降解产生的简单脂肪族分子共同形成了清香的特征。

3. 鲜爽型花香：花香在福鼎白茶中很常见，而且表现得多种多样，其中很多具有鲜爽花香特色的白茶往往令人印象深刻。这种类型的花香或如铃兰、或如百合，虽可香

冲泡白茶

得扑鼻，香得透墙，香得沁人心脾，但香得纯粹，单只是一种纯嗅觉的享受，不似果香蜜香一般嗅来令人流涎生唾。对白茶的鲜爽型花香贡献最大的物质是芳樟醇，这是一种高沸点香气物质，通过萎凋将以青叶醇为代表的低沸点香气物质挥发掉后，其如百合或铃兰的花香就显现出来了。

4. 甜醇型花香：此类香气或如茉莉，或如栀子，嗅来令人愉悦，往往使人不自觉地深呼吸，精神更为之一振。此类香气在生茶中极为常见，β－紫罗酮、茉莉酮以及部分紫罗酮衍生物等香气物质在生茶中都参与了这种香型的表现。这些香气物质基本在加工过程中生成，沸点高低不同，不同含量不同比例又会产生不同的效果，是白茶香气特色多样的原因之一。

5. 日晒味：常见于室外日光萎凋的新制白茶，这种气味嗅来就如同晴天晒好的被子一样，俗称“阳光的味道”。光线能够促进酯类等物质氧化，其中紫外光比可见光的影响更大。长时间的光照能引起茶叶化学物质的光化学反应。

6. 陈香：陈香常见于老白茶。陈香是老白茶的核心香型，纯正的陈香是老白茶的代表香型，其他的香型都是在陈香的基础上来谈，没有陈香就不是合格的老白茶。陈香嗅来类似于老木家具散发出来的那种深沉香气，但更具活力，与其他茶类摆的久了发出的呆滞的陈旧气息不同，老白茶应有的陈香是陈而有活性的，并无沉闷之感。“活性”是老白茶的品鉴节点，是整个老白茶鉴赏中可以一以贯之的核心要素。陈香是一种复杂的混合香气，是陈味、木香、枣香、药香等等类型气味的混合表现，涉及的香气物质众多，其中对白茶陈香贡献最大的是1，2－二甲氧基苯、1，2，3－三甲氧基苯、4－乙基－1，2－二甲氧基苯、1，2，4－三甲氧基苯等，都属于在发酵中生成的物质。

7. 蜜香：蜜香在白毫银针中较为常见，白茶在存放过程中能长期表现出蜜香，而且这种香气持久耐闻，又易于描述和理解，因此容易被记住，具有蜜香的白茶品质极好，有时候喝一泡蜜香纯正的白茶，可以一整天都在口中留有余韵。蜜香与毫香的配合，构成了大部分福鼎白茶在陈化初期的醒目特征——毫香蜜韵。形成蜜香的主要香气成分是苯乙酸苯甲酯，该物质沸点较高，因此散逸缓慢，能较长时间存在。此外苯甲醇也具有微弱的蜜甜，对蜜香也有一定贡献。

8. 果香：此种香气在白茶中普遍存在，或如苹果，或如柠檬，或如甜桃，或如桂圆等等。形成原因不一，有些是因为本身具有水果香的香气物质得以显现，有些则是因为具有几种香气的物质混合而形成的效果，因此虽然常见，却不易捉摸。如苹果香在青气将散的新茶中常见，桂圆香在存放了较长年份的白茶中时有见到，但更多具水果香的茶，都是偶有所见，如羚羊挂角，难以捉摸。与之相关香气有部分紫罗酮类衍生物，以及具有浓甜香和水果香的部分内酯类，具有柠檬清香的部分萜烯族酯类，还有在加工及储存中产生的芳樟醇氧化物。

9. 药香：药香属于老白茶专属香气。药香自然就是中药之气，如人身处药铺所闻到的中药气息，其实就是陈放很久的草木之气，因为茶叶也是草木，在陈放久了以后，自然也会出现类似气息。在南方气候湿热的地区茶叶陈化更快，因此数年之后就可能感受到药香，而在北方干燥气候中存放则长时间内难以有药香出现。

10. 枣香：这种香气嗅来如干枣，有些甜糖香有些木韵，一般是老白茶才具有的特征。枣香在老白茶中是非常经典的风格。这种香型往往在原料比较粗老的寿眉、贡眉中容易出现，因为粗老叶的总体糖类含量更高，在发酵过程中也能生成更多的可溶性糖。当糖香达到一定水平，就能与木香等其他香气混合而表现出类似干枣的香气。

11. 梅子香：通过一定时间存放的白茶经常会出现梅子香，在老白茶中是非常好的经典香型，最具代表性的梅子香嗅来有清凉之感，又略微带酸，恰同青梅气息，受到广泛好评。为何梅子香如此令人喜爱？其主要原因是一种心理作用，即对比效应。当我们在单一香型中加入一点点的其他不同香气，就会使得两种香感都更加突出，梅子香中的对比效应就非常典型。有些茶因为发酵不当或是存放不当出现不良酸气，往往被人牵强附会为梅子香，但这二者区别很大。梅子香自然舒适与茶搭配无违和感，而不良酸气则显得突兀。有梅子香的茶滋味纯正，而有不良酸气的茶则茶汤滋味也发酸。

12. 荷香：荷香是来自幼嫩的白毫银针、高等级白牡丹，一般也都是散茶，冲泡之前在赏茶时，可以从茶叶闻到淡淡荷香。荷香所以能够从青绿浓香中留下来，必须要有良好的条件配合，而荷香的持续保存，更需要妥善的处理。荷香是属于老茶香，从刚打开的密封的白茶中，可以闻到一股荷香轻飘。

13. 干果香：此种香气在福鼎白茶中较为罕见，或如苦杏仁，或如松仁，或如槟榔等等。具有干果香的白茶往往是存放有相当年份陈化度较高的老白茶。直接相关的香气物质有具有苦杏仁香的苯甲醛，和有干果类香气的茶螺烯酮和 2- 乙氧基噻唑。

14. 桂圆香：这种香气嗅来如干桂圆，通常出现在级别较高一些的白茶（白毫银针）中，具有桂圆香的白茶往往在加工过程中文火慢焙。在白茶中桂圆香与枣香有类似之处，但往往不如枣香醇厚。

15. 樟香：樟香多在存放时间较长的老白茶中出现，嗅来如香樟木，有沉静自然之感，与樟脑味并不尽相同，有些发霉变质的茶会具有颇似农药般的刺鼻樟脑味。与樟香有关的香气物质主要有莰烯和葑酮，二者都是具有樟脑味的香气成分，混合花木香而表现为令人愉悦的樟香。

16. 参香：类似于人参的香气，常见于在高温高湿环境下存放过的老白茶。在白茶中香气成分有和人参香气成分类同的部分，比如具有泥土气息的棕榈酸和具有木质气息的金合欢烯均可在人参的香气成分中找到。白茶中人参香特征的构成除了这些物质外，还有部分木质香气和甜香的参与。

17. 野菌香：野菌香一般出现在荒野白茶中，嗅来诱人，非常能勾起人的饮茶欲，是非常经典的香气，野菌香往往伴随着高级的品质。其香气构成主要是亚油酸转变而成的一系列八碳风味化合物，如 1- 辛烯 -3- 酮、1- 辛烯 -3- 醇等，该类物质沸点低散逸快，因此贮藏年限较长的白茶不容易保留野菌香。

18. 糯米香：属于天然芬芳物质和丰富的营养成分，其香味类似新鲜的糯米散发的清香，因此得名“糯米香”。

19. 糖香：糖香在高海拔地区的白茶中也较为常见，其中以冰糖香最为突出，它往往伴随着强劲的回甘与凉爽的喉感，因此是茶叶品质优异的特征。还有如甘蔗香者，也自成风格。糖香的构成一方面与蜜香甜香有一些重复之处，另一方面就是一些糖类本身的香气。可溶性糖在白茶中含量很高，一般占干物质的 4% ～7%。我们常说的高山荒野老树茶就是冰糖香。但此处所说糖香都是对白茶品质做出肯定判断的积极香型，并不包括以下将要描述的焦糖香。

20. 焦糖香：这往往是在白茶加工不得要领的时候出现的特色，颇受人关注的巧克力香亦属此类。这种香气给人的感觉如烤面包、饼干等烘烤而成的食品中的甜香，在食品工业中这非常重要，是积极的。但是放到白茶里面，却适得其反，它意味着茶叶经历过高温的萎凋或烘焙，导致茶叶活性下降，一些与后期转化密切相关的物质如残余酶等会被大量杀死，这就严重伤害了白茶该有的特色品质，所以从这种观点上来说，从长远来看，这种焦糖香的白茶不适宜于长期存放。

21. 火味：福鼎白茶长期储存必须保持在含水量 5% 以下，才不致于变质、变味。所以，干燥是保持福鼎白茶茶叶品质的关键因素。因此，干燥时，不宜一次进行，温度宜从低至高，缓慢、分次进行。高温干燥的茶叶即带火味，带火味的福鼎白茶茶叶生硬不滑，入喉无回韵。

22. 霉味：因茶叶发霉而产生的不良气味，嗅来刺鼻，令人不悦。通常见于存放不当的茶，比如在温湿度过高环境下长时间存放而腐败变质的茶。

23. 烘炒香：有时会出现在制作不当的白茶中，是应该尽量避免的香气，如板栗香和豆香都在烘炒香之列，烘炒香就是通过热化学作用而形成的气味。在很多食品以及其他茶类中都属于积极香型，但福鼎白茶的品质特征决定了其不应经过高温，因此烘炒香的出现对白茶品质评价来说应减分。烘炒香的化学成分主要是一些含硫含氮的杂环化合物，必须在高温加工中才能产生。

24. 堆味：堆味是从形容“发酵渥堆”上来的，就是描述一种类似混合酸、馊、霉、腥等不良感觉的发酵气味，在新制熟茶中普遍存在，但传统白茶工艺不允许有渥堆，但新工艺白茶制作有堆积发酵工艺，这是一个长时间而且复杂的变化过程，数吨至数十吨茶叶堆放在一起发酵（发酵度10%），不可能做到绝对均匀，因此部分发酵过度和不足的茶叶就会产生一些不良气味，而如何把这种不良气味在加工完成的时候降到最低，就很考验加工技术了。如果没有发生严重的发酵不足或者是过度，那么根据堆味的浓度，通过长短不同时间的合理仓储，这些不友好的气味就能被自然分解散逸而展现出陈香。

25. 水闷气：常见于用雨水叶或萎凋闷堆而不及时干燥的白茶。如同炒青菜时用锅盖闷过就会产生的气味一般，在茶叶加工的小环境中如果出现湿热不透气的状况，就会产生类似气味。

26. 生青气：常见于萎凋不足的白茶，似青草的气味。因鲜叶内含物缺少必要的转化所致。

27. 粗青气：常见于原料粗老的寿眉、贡眉、低等级白牡丹，似青草的气味。因为鲜叶粗老，含水量少，在萎凋过程中必须采用“老叶嫩杀”，即萎凋时间短杀青温度低，技术不够就很难保证青叶醇等相关青气物质的消散，因此常常会有粗青气。

28. 烟熏味：烟熏味并非茶之本味，乃是在加工或贮藏中受浸染而成。属于茶叶中常见的异味，对白茶品质影响较大，尤其是炭焙工艺的白茶更容易带有烟味。烟味的相关物质很多，最主要的是愈创木酚和4-甲基愈创木酚，这些物质的沸点高散逸慢，因此通过存放使得烟味消散难度很大。

29. 烟焦味：烟焦味是白茶中常见的不良气味。其产生源于萎凋温度过高，部分叶片被烧灼而得。因此烟焦味往往在加工很粗糙的白茶中才出现。

30. 酸菜气：在新工艺白茶中，时常会有与酸菜类似的酸气。很多老厂的加工师傅制茶时，会在萎凋之后将茶堆起捂一段时间，有了这样的一道工序，茶叶在干燥之后色泽会显得更深，口感会更醇和，香气也会有所不同，但是如果捂得稍有过度，就会出现类似酸菜的气味。

说了这么多福鼎白茶常见的气味，有时候我们说茶喜欢喝就行，你可以不必懂。但今天我们要告诉你的是：择茶与喝茶一样重要。如果你只是想喝比水有味道一点的东西，那么你可以不必懂，但你要是想喝好茶，那么，你还是需要懂一点茶的，至少也要了解一些才行。

那么，我们怎样才能挑到一款好的、适合自己的福鼎白茶呢？

首先，挑好茶我们需要有谦逊的态度，不装才是王道。相信大家一定见过或者听过一些茶友走进一家茶店，第一句话就说“把你们店里最贵的茶拿来泡着我喝喝……”如果店家不泡，肯定少不了一场唇枪舌战，如果店家泡了，也很有可能受到茶友对这款茶各种不满的评价。如果是这样的话，我想无论店家脾气再好，心里都不会开心的，你也不可能再在这里喝到好茶了。所以，如果你想要挑到一款好茶，你首先要尊重店家，保持一个谦逊的态度，不要戴着有色眼镜去挑茶。

其次，学会聆听，用心去感受茶本身的滋味也是挑到一款好茶必不可少的因素之一。茶，从萌芽到被冲泡品饮，每一款茶都经历了不一样的旅程。一山一寨、一地一味是白茶的一大特点。每一款茶都需要我们去用心地感受它口感滋味的不同。所以，我们在喝茶的时候要学会聆听，聆听茶释放给我们的信息，聆听茶主人告诉我们的信息，聆听我们内心深处对这款茶最真实的感受。

接着，我们还需要理性、有规划的去择茶。

冲动消费是每一个人都会有的，区别只在于有人能很好地控制，有规划地进行茶品的选择，而有人很有可能就是花了很多钱却没有买到自己想要的茶或者说是适合自己的茶。这就需要我们在挑茶的时候保持清醒的头脑，理性地对待店家推荐的茶品，有计划地选择适合自己的茶品。

最后，要不断提升自己对茶的品鉴水平和对茶的了解。

世界上并不缺少美，只是缺少发现美的眼睛。同样，世界上也不缺少好茶，只是缺少发现好茶的你。所以，我们在平时喝茶的过程中要慢慢地加深对茶的了解，提升自身的品鉴水平，比如茶的香气有哪些种类，茶汤滋味浓还是薄，回甘生津快还是慢等等。只有这样，当一款好茶摆在你面前的时候你才不会错过。

其实，好茶既是有标准的又是没有标准的。

一款好茶，从原料工艺到存储冲泡每一步都是很重要的，只有每一个步骤都足够考究，我们的茶品才会越陈越香，所以，好茶是有标准的。而针对原料有保障、工艺考究、仓储良好的白茶，我们每一个人所喜欢的口感滋味又是有差异的，千人千味，你喜欢的茶也许并不适合我，所以，好茶又是没有标准的。

古希腊先哲赫拉克利特曾说，我们不可能两次踏进同一条河，同样，我们也不能两次同饮一杯茶。我们脚下的“十二个春秋”跟随岁月流逝，杯中的“十二个春秋”也在不停地变化，下一个轮回，我们一定还记得今天的茶和故事。

第四章 匠人匠心，茶路漫漫

张天福与福鼎白茶的特殊情缘

2017年6月4日9时22分，张天福在福州逝世，享年108岁。

中国是世界茶叶的故乡，历史上产生过茶圣陆羽，也出现过众多“称雄一方”的茶王。堪称茶界泰斗的张天福，在《中国农业百科全书》被列为陆羽之后的十大茶业专家之一。他青年时在福鼎创办示范茶厂，用科学方法制作白茶，挖掘福鼎大白茶传统茶树资源，将“口授心传”的白茶技术升华为文字，编写《福建白茶的调查研究》，成为中国白茶经典文献，是福鼎白茶制作技术传承的第一人。

一个世纪以来，张天福与福鼎白茶结下不解之缘。

立志以农报国的张天福，1932年于南京金陵大学毕业后，选定福建三大特产（茶、纸、木材）之一的茶业，作为自己人生的奋斗目标。

1934年6月，张天福获福建协和大学资助，东渡日本，并转道台湾实地考察茶业，凭借对植物学的深厚功力，回来后，张天福在《台湾之茶业》的考察报告中，果断认定台湾的茶树品种是从大陆传过去的。几十年后，他的学生、台湾茶叶专家吴振铎在《台湾茶业史》中也作了权威论述。

1935年8月，张天福到福安县创办福建省立福安农业职业学校和福安茶叶改良场，任校长兼场长，并在福鼎白琳设立示范点，挖掘福鼎大白茶传统茶树资源。这一时期，被张天福聘过来的科研人员、教师中有许多优秀人才，其中，李联标、庄晚芳更是与张天福三人，共同入选1988年国家编写的《中国农业百科全书茶叶卷》的当代中国十大茶叶专家。

1935年至1936年，张天福在闽东大山深处经营起茶叶科研所和制茶厂。为实现他的理想，终年在福安茶业改良场与福安农业学校之间终日奔波，日夜操劳，使福建之茶逐渐走向繁荣。

1937 年 4 月，张天福引进制茶机器，将福建从手工制茶带入到了机械制茶时代，翻开了福建制茶史的新篇章。在抗战的特殊时代里，闽茶作为主要的外销货品，是换取外汇的重要物资。

1939 年 11 月，在重庆参加全国生产会议的张天福，正在筹建中央茶叶试验场之际，被召回了福建，临危受命到闽北崇安（今武夷山）筹办福建示范茶厂，这是当时全国规模最大的一个茶厂。

1940 年 1 月份，张天福来到素负盛誉的武夷岩茶产区崇安（今改武夷山市），创建福建省政府与中国茶叶公司合资的福建示范茶厂（武夷山市茶厂前身）。福建示范茶厂总厂设在武夷山麓：下设福安分厂聘技师陈绍辉为副厂长；福鼎白琳分厂聘游通儒为厂长；聘陈椽为政和直属制茶所主任、秦光前为副主任；聘林馥泉（福安农校首届毕业生）为企山直属制茶所主任，星村制茶所聘吴心友（崇安县财委主任）为主任。一批茶叶专家聚集在武夷山，为武夷岩茶的发展图强贡献力量。

福建示范茶厂总厂设在赤石，福鼎白琳分厂设在白琳，设有办公室、职员宿舍、萎凋室、机械工厂、精制工厂各一座。在设备上向神州电力公司铁工厂定制了大成式干燥机、克虏伯式揉捻机等制茶机械。把示范茶厂建成东南最先进的茶厂，实现他的机器制茶的理想。

1941 年，由张天福创制的中国人自己设计、制造的第一台揉茶机问世，由于他开始构想设计木质手推揉茶机时，正值“九・一八”事变，因此，当他的设想成为现实时，便将此机名为“9·18 揉茶机”，以警醒国人“勿忘国耻，振兴中华。”殷殷爱国情，拳拳赤子心，可见一斑。第一台手推揉茶机的问世，结束了中国茶农千百年来用脚揉茶的历史。

1949 年 8 月，时逢新中国百废待兴之际，张天福回到了福州，协助筹建中国茶叶公司福建省公司，统管全省茶叶内外贸工作。1951 年，中国茶叶公司福建省公司在福鼎设立分厂。

1952 年 10 月 1 日，张天福奉调到省农林厅。当年，张天福受福建省农林厅指派在福鼎白琳办白茶厂，繁殖福鼎大白茶茶苗。

1956 年，张天福发表《福建白茶的调查报告》，论证："白茶首先由福鼎县创制的。当时的银针是采自菜茶茶树，约在 1857 年自福鼎发现大白茶后，于 1885 年开始以大白茶芽制银针，称大白，对采自菜茶者则称土针或小白"。并将白茶工艺从"口授心传"升华为理论，为白茶研究提供文献资料。

1957 年，全国农业大专院校教科书采用《福建白茶的调查报告》，作为茶叶专业主要参考书籍。

1959 年 3 月至 10 月，为迎接全国茶叶产销现场大会在福鼎召开，张天福作为福建省农业厅专家，多次到福鼎开展茶树品种、栽培、采制等试验研究和茶区调查推广工作。

1959 年，张天福提出热风萎凋初制技术，代替日光晒青，解决雨天晒青问题，为 20 世纪 60 年代白茶热风萎凋工艺的研发奠定了技术框架。

1960 年 3 月，全国茶叶产销现场大会顺利在福鼎磻溪镇黄岗村召开，张天福在大会上力推福鼎大白茶茶树良种，推广福鼎茶树扦插育苗技术。此后，张天福走遍福鼎、福安、武夷山等福建广大茶区，总结出"梯层茶园表土回填条垦法"，确保茶园水土不流失，不仅降低了生产成本，还保障了茶园高产、稳产、优产。之后，该方法被向全国推广，并不断被广大茶区群众所掌握。

1982 年，张老作为福建茶叶专家参加由商业部、轻工部主办的全国第一次名茶评比，福鼎选送的白毫银针荣获全国名茶第一名，得分为 99.9 分。

1984 年，农业部命名"福鼎大白茶"、"福鼎大毫茶"为"华茶 1 号""华茶 2 号"。张天福一直倡导的福鼎茶树良种得到全国推广。

2004 年 4 月，张老为福鼎白茶题写"福鼎白茶"证明商标。

2007 年 6 月，太姥山茶王赛在福鼎举行，张天福作为大赛主裁判。

2008 年 4 月，张天福有机白茶基地在福鼎市点头镇九峰山茶场挂牌。

2008 年 9 月 17 日，张天福的百岁寿辰庆典在福州举行。福鼎市专门制作了一块镶刻着一百个不同形状寿字的白茶砖，为张天福老人祝寿。成立茶叶发展基金会是张天福的毕生心愿。他想用基金会来促进茶叶生产、

张天福参加茶会

科研、教育与茶文化健康和谐可持续发展，让基金主要用于奖励在茶叶生产、科研、教育等领域第一线做出特殊贡献的科技教育工作者以及品学兼优的茶学专业学生。在百岁华诞之际，张天福实现了这个愿望，由中华茶人联谊会福建茶人之家倡议创立的福建张天福茶叶发展基金会正式成立，他将此视为自己百岁生日的珍贵礼物。为此，他把自己仅有的 80 平方米房子也捐给了基金会。

2010 年 5 月，中国上海世博会选拔茶寿星，张天福当选，多次到世博会福鼎白茶馆品鉴福鼎白茶。

2010 年 9 月，张老在福州举办的“百名记者话白茶——福鼎白茶中秋品茗会”活动中说道：“现在有客人到我家里来喝茶，我都是泡 10 杯茶给他。十杯茶里头呢，第一杯就是白毫银针。”

2011 年 5 月，首部中国白茶新闻作品集《强村富民话白茶》首发式在福州举行，张老出席并在图书首页签字留念，寄语“福鼎白茶越来越好”。

2014 年 11 月 17 日，张天福先生“终身成就奖”颁奖典礼在福州白龙宾馆举行，中国茶叶学会理事长江用文代表中国茶叶学会授予张老该荣誉，福鼎市向张老赠送了第二届福鼎白茶民间斗茶赛金奖白茶。

2015 年 12 月 26 日，福鼎白茶“申遗”启动仪式暨福鼎白茶福州赏鉴会在福州西湖大酒店举办。活动现场，106 岁的茶界泰斗张天福先生为

福鼎市向张天福赠金奖白茶

福鼎白茶亲笔题写了“中国白茶发源地——福鼎”。

2017 年 1 月 3 日，福建省茶界新春茶话会在福州举行，来自海内外的 1000 多名各界人士为茶界泰斗张天福先生送上新春祝福！福鼎市茶企代表为张老敬茶，向张老赠送重 108 斤、直径为 108 厘米的福鼎白茶饼。

“一叶香茗伴百载，俭清和静人如茶”是张天福老先生的真实写照。他倡导的“俭、清、和、静”茶学思想精髓，广泛影响着一代又一代的茶人。

骆少君的疾呼

2016 年 10 月 27 日，一个噩耗传来，骆少君因病在杭州逝世，享年 75 岁。斯人驾鹤，国失栋梁，茶失巨擘。

骆少君，福建惠安人，研究员、高级评茶师。从事茶叶生产、研究及质检工作 40 余年，曾任中华供销合作总社杭州茶叶研究所所长、国家茶叶质检中心主任兼《中国茶叶加工》杂志主编。她创建了茶叶香气化学实验室，填补了我国茶叶香气化学及茶用香花化学研究的空白；革新了沿用数百年的茉莉花茶加工工艺，是我国茶叶加工史上的重大革命。

骆少君一生与茶相伴，她很感恩：“因为有了茶，我可以很自豪地与全世界任何一个国家的人进行交流。”

作为茶叶专家，骆少君一再呼吁要重视发展白茶，她说：“不仅美国、瑞典斯德哥尔摩医学研究中心表明白茶杀菌和消除自由基作用很强。30 年前我就极力推介白茶，今天更要大声呼吁。”

骆少君认为，福鼎白茶之所以品质上乘是“由于其特定的水土、特定的小气候、特定的品种等先天优势加之特定的传统加工工艺、特定的冲泡方法等因素所决定的”。

20 世纪 80 年代，福鼎大白茶良种推广期间，骆少君受福建省农业厅委派，多次到福鼎白琳翁江茶场、国营福鼎茶厂开展技术指导，呼吁要重视发展白茶。特别是 1998 年以来，骆少君不仅积极支持福鼎政府推广白茶，还与多家福鼎企业建立紧密的技术指导关系，致力于推广白茶。

2002 年 11 月 23 日，东南白茶公司在白琳开业，骆少君与张天福等茶叶专家到场祝贺。当年与骆少君老师的对话犹在耳边。

笔者：这次为什么会有这个行程到翁江这样一个小企业考察？

骆：翁江茶场是我曾经工作过的地方，在 1965 年至 1986 年期间，曾经 20 多次在这里做茶叶科研，对福鼎良好的生态环境和茶叶情况印象也很深刻。在作科研中我发现，福鼎的气候条件对茶叶的生长非常有利，自古以来这里的茶叶品质就很优良，尤其白茶，深受欧美国家消费者的推崇，我希望通过东南白茶公司的成立，更多的福鼎茶企业加入到白茶发展的大队伍中来。

笔者：您认为福鼎大白茶有何特点？

骆：在我看来，茶是有生命的，福鼎环境优美，生态和谐，民风淳朴，产茶历史悠久，无论茶叶的种植还是加工都已形成自己的特色，在这样的地方种茶、做茶，每一个步骤都能让茶的特性得到最好的发挥，所谓“天清地宁出神童”正是这个道理，因此福鼎大白茶喝起来香气优雅，回味甘甜，让人一见钟情。

这里由于生态环境好，茶园不会形成虫害，也不用施用农药化肥，品质有保障。而且这里有很多年代久远的福鼎大白茶良种树，这样的白茶不仅口感独特，还有很好的保健功能，是不可多得的。

笔者：目前在国内，现在是绿茶、花茶、乌龙茶、红茶的天下，白茶还是外销特种茶，并未被国内市场所接受，以东南白茶公司为例，您对这些茶企的发展有何意见和建议？

骆：我对张郑库老总的办厂和制茶理念很欣赏。他坚持制作白茶，而且知足常乐，只追求品质而不追求数量，不为经济效益而用外山茶青拼配。这样就能确保茶叶品质，适合外贸需求。国外对白茶保健功效的研究成果很多，不仅美国、瑞典斯德哥尔摩医学研究中心表明白茶杀菌和消除自由基作用很强。30 年前我就极力推介白茶，今天更要大声呼吁。

2016 年 4 月，骆少君病重期间，我受福鼎市政府有关领导的委托到杭州探望骆少君。当骆老获知福鼎白茶从当年的“墙内开花墙外香”到如今的“百花齐放、一枝独秀”、张郑库也成为“非物质文化遗产福鼎白茶传统制作技艺传承人”时，激动地说：“福鼎茶人不负我当年的疾呼！”

当然，面对白茶的蓬勃发展，骆老对茶叶加工者也提出了忠告。她

张郑库与骆少君考察白茶基地

骆少君（右2）谈白茶

说，就是希望大家能够放慢脚步，理性发展。积极推广有机生态理念，让世人了解，没有好的生态环境就没有茶叶的良好品质，更希望当地福鼎的企业、茶农能够一如既往地尊重自然，保护这里完整的生物链。

对于笔者提出的“现在福鼎白茶产能已趋向饱和，未来的茶产业应当如何发展”的问题，骆老回答说：“其实我们换一种思维来看，有时候越是相对封闭，其生命力越是持久，在福鼎这片珍贵的白茶核心区内，未来最重要的是要保护好原有的自然环境优势，其次要将福鼎白茶产品的特色保持下去，切不可因为市场的种种变化而有所改变。同时要对自己的产品有信心，不仅要坚定地保护茶叶的种植生长环境，更要完整地保留人文的优良传统。唯有这样，其产品的魅力才会更加丰富，更加持久，这样才对得起茶，对得起这片优美的山山水水。”

骆少君对福鼎白茶如此厚爱，为福鼎白茶发展建言献策功不可没。那么，她到底是怎样走上茶业之路的呢？笔者 2002 年对骆老的采访记述了她的茶缘。

骆少君生于 1942 年，虽处在战火纷飞的年代，但于她似乎并没有多少影响。从上海到杭州，她过着衣食无忧、自由自在的生活。说起那些过去了半个多世纪的往事，她的脸上掩饰不住天真与纯真。

她说，年少时自己非常幸福，这得感谢父母和外公外婆。

骆少君生长在一个大家庭中，祖上是名门望族。父亲是新中国成立后省政协常委，母亲是共产党员，大多亲戚是海外华侨。她笑言：“我们全

骆少君、韩驰、陈金水等专家评审白茶

家人坐在一起，每个人都爱喝茶，都喜欢讲茶。”骆少君从小就感受到了茶给全家带来的温馨、和睦。

说起年少时光，骆少君童心荡漾，心花怒放，“我小时候，抓鱼抓虫什么开心事都干过。”

她的家庭也着实开明，用骆少君的话说，父母认为，不要让孩子成为父母虚荣心的殉葬品，先学会做人，把身体养好最重要。

慈爱而宽厚的父亲是骆少君的人生保驾护航站，父亲健在时，不管遇上什么事，她都会和他商量。她深深记着父亲的教诲：“只要你们正气、大气、和气、喜气，气定如山，量大如海，随遇而安，我就放心了。”

骆少君之所以步入茶界，缘于父亲的远见。

1961 年，骆少君高中毕业。班上近 50 个同学，成绩好的都去学医学理工了，骆少君是班上最后一个拿到高考录取通知书的——浙江农学院茶学系。

“你这个人身体不好，人又懒，脑子又不好使，吃吃喝喝说说话，搞茶叶最适合你了。”父亲风趣的鼓励话打消了她的顾虑。

毕业后，骆少君被分配到了福州茶厂。

后来赶上“文革”，家里出现变故，骆少君被下放到农村干活，下田插秧，劳动强度很大。但邻居对她仍然很好，茶厂工人和茶农对她也很好，她学到了吃苦耐劳、真诚待人的品质，学到了种茶、制茶和评茶的技能与本领。

1981 年，留学日本，她学的是“风味化学”，研究的是茶叶的香气。回国后，她潜心研究茶叶香气化学及茶用香花化学，把一生都献给了茶事业。

“茶叶这个东西实在是太好了！”这些年来，骆少君一直在为茶叶的发展与普及尽心尽力。

20 世纪 90 年代初，看着许多茶企老员工、老技师纷纷下岗，她忧心忡忡。顶着压力、克服困难，办起了全国第一个茶叶职业技能培训班。

骆少君一边当培训技师、评茶师，严把茶叶生产销售关；一边奔走呼号，盼望通过不同途径普及茶文化。

“我希望全民都来喝茶。中国是茶的故乡，茶这么好的东西，希望我们不要抛弃它，都来爱它，把它传承下去。”她对茶的感情胜似亲情。

作为全国政协委员，骆少君以“建议”“提案”的方式或通过媒体发出了一个茶界人士独特的声音：做茶要从娃娃抓起。骆少君特别重视孩子的茶学教育，她说：“我们的教育对茶文化不够重视，应该教育每家每户的孩子学喝茶。”

从风华正茂走到古稀之年，骆少君把自己的全部青春和热情都投入了茶产业，她感慨地说：“茶是养母，给我生命中一切；茶像孩子，让我深深爱着这个大家族。茶与人生融为一体，生命律动，与这青山绿水间的灵物结合，化成了幽幽茶韵。”

非遗传承：饮春之味，回到土地

福鼎白茶根植于福鼎，一头连着自然，一头连着文化。福鼎白茶只有保持与这两个源头的血肉联系，才能获得永不枯竭的生命力。

非遗是流变的，需要在社会的发展进程中不断提升，才能保持持续的活态，而这也离不开传承人本身的努力。无论是何种形式的传承，传承人都殷切希望非遗不该是触不可及的高山雨雾，而是深入百姓人家的小桥流水，融入生活中去，能够延续下去。

2011 年 11 月，国务院批准文化部确定的第三批国家级非物质文化遗产名录和国家级非物质文化遗产名录扩展项目名录，“福鼎白茶”作为第八类传统技艺——白茶制作技艺唯一代表，正式列入国家级非物质文化遗产名录。2013 年 1 月，文化部公布了第四批国家级非物质文化遗产项目

张郑库在品茶

代表性传承人名单，福鼎白茶制作技艺传承人梅相靖入选。2016 年，福鼎市级非物质文化遗产项目代表性传承人名单公布，张郑库入选。2018 年，张郑库入选中国茶叶流通协会评选的“中国制茶大师（白茶类）”。

如今白茶逆势而上，市场越来越红火。可又有谁知道，十几年前福鼎白茶却默默无闻，少有人问津。福鼎白茶这一茶中珍品，竟然是“养在深闺人不识”。

1980 年，张郑库从部队退伍复员投身茶业，1981 年开始做茶，当时什么茶都做，有红茶、绿茶、花茶、白茶等等。2000 年，张郑库亲身经历了两件事，改变了企业的主营方向。当时他在北京马连道经营茶店，有一天，有位老顾客，她是北京广渠门中学的退休女教师，到店里买花茶。她牙疼，肿得厉害，说去了几家医院就医却效果不好，还经常反复发作。张郑库想起在老家的民间常用偏方，用陈年老白茶治牙疼、目赤等疾患，便从店里拿出一包陈年白毫银针送给她，让她回去按照熬中药的方法熬成茶水加冰糖饮用。第二天，她高兴地告诉了他，果然效果极好，牙疼已经好了。无独有偶，有个美国客商到北京茶店买茶叶，客人询问有没有对血脂高有作用的茶。他同样推荐陈年老白茶，客人半信半疑地买了 3 斤带回美国，抱着尝试的想法，喝了 3 个月，例行体检报告出来后，医生感到惊讶，患高血脂现在突然降为正常，医生问他近期服用什么药，美国客商回

张郑库与中国新工艺白茶创始人王亦森探讨白茶制作技艺

想一下，只有喝了 3 个月的中国老白茶。该客商兴奋不已，当即从美国打电话到北京把消息告诉张郑库。由此，他才开始在国内市场率先推出了土生土长的福鼎白茶。

此后，张郑库打道回府，开始了白茶事业。他查找福鼎白茶的相关资料，拜访、咨询张天福、骆少君、王亦森等茶界专家，走访民间茶人，寻找合作伙伴，于 2002 年 11 月 21 日成立了首家用白茶命名的福建福鼎东南白茶进出口有限公司，并取得闽东首家茶业自营进出口资质。

与茶结缘 40 多年，张郑库对白茶有着自己的理解。茶是有生命的。从一片片茶叶从茶树上被采摘下来，到经过晾青、萎凋、干燥等制作环节，直到变成可以饮用的福鼎白茶，其生命都没有消失，都存储于那一片片的茶叶中，只是存在和表现的方式发生了变化。喝茶的人从来不会去分辨每一片茶叶，因此常常忘记一壶茶是由一片一片的茶叶组成的。开水冲下去，细细的条索慢慢舒展开来，又活了，还散发出香气，每一滴水的芬芳，都蕴含着茶叶的生命。茶叶是有生命的，你要以对有生命的东西的方法去对待它们，才能制出感动人的茶。

“千载儒释道，万古山水茶”是个在福鼎被人熟知的句子。在这里，茶的踪迹和山水的走向、和人文的脉络几乎重合。难怪张郑库说，一个县级市，同时是中国六大茶种中白茶和红茶（白琳工夫）两种茶的发源地。其深厚的文化底蕴可想而知。没有文化支撑，福鼎的茶叶也不可能延续几千年。历代茶人在制作过程中不断研究不断创新，也赋予了福鼎茶叶时代精神。在这里，茶是杯底那抹香，解谜的关键还在于山水人文之中。

指导白茶传统技艺制作

说起福鼎白茶的发展，张郑库说的最多的就是：坚持传统制作技艺，保持个性化发展。由于福鼎白茶“毫香蜜韵”的特殊性，它有白毫银针、白牡丹、贡眉、寿眉等品种，可以为不同口味和喜好的消费者提供更多的选择，拓展更大的市场空间。从这个角度上说，福鼎白茶应该百花齐放，坚持个性化发展，不仅要提高对品质和技艺的要求，同时也促进传统技艺的提高。

作为国家级非物质文化遗产福鼎白茶制作技艺传承人，张郑库被人问的最多的可能就是在坚持传统和茶叶产业化发展上如何取舍的问题。

对此，张郑库的回答是：进行生产性方式保护。

非物质文化遗产的保护原则是对技艺体系和核心技艺的保护。而在生产实践中产生和发展的手工技艺，其生命力依附于实际的操作，是不能脱离现实生活的，否则，非物质文化遗产将失去其生命力，成为干枯的标本。

福鼎的茶人常说"天变即变，青变即变"。通俗一些来讲，就是制茶时天气、茶青情况等变数极多，非常讲究因地制宜，要根据茶的不同，赋予它不同的性格，在实践的过程中，要根据茶叶不同的情况，采取不同的技术措施。做茶没有固定的模式，不同的天气情况就采取不同方法，这和医生给不同病人看病开不同药方是同一个道理，需要长时间研习实践才能体会和把控。当然，大部分的茶需通过机器工业化生产，因为要满足大多数消费者喝茶的需求。

可是白毫银针顶尖精品数量不会太多，就要通过手工来制作，这也是一种艺术，代表了行业的水平。手工制作是福鼎白茶内在生命力的表现，是知识产权的核心技艺，是能与其他国家相竞争的，这个不能丢。

张郑库认为，在文化已经成为核心竞争力的现代社会，蕴含着多种文化价值和人文内涵的非物质文化遗产具有现代工业难以比拟的生命活力。生产性保护和产业化完全是两回事。产业要求有规模有标准，但文化要求个性、要求独特、要求差异，做抽水马桶，每个抽水马桶都不一样，是灾难；但做紫砂壶，每把壶都一样，也是灾难。

真正的文化自信，是你可以心平气和地去欣赏每一种文化，福鼎白茶就是如此。张郑库说："作为一个拥有五千年文明历史的民族，如果我们还只会跟着别人制造彩电、冰箱、洗衣机，还只是向别人输出廉价的半成品，而不是输出价值观和文化，那么，我们在 20 世纪的竞争中必然处于劣势。因此坚持福鼎白茶的个性化发展，同时坚持永续利用，给后代留下可供发展的空间就显得尤为重要。”

“做好人，做好茶。”为更好地进行传承，从张郑库开始收徒传艺，人数已达 20 个。“虽然坚持传统工艺制茶的年轻人在减少，但是拥有高学历的学徒却在增加，相信不久的将来，福鼎白茶的传承会进入一个新层面。”张郑库说，他对福鼎白茶制作技艺的传承始终充满希望。

我能做的，就是为你泡杯茶

泡好一杯茶，是每位爱茶人的必修课。可总能泡出一杯好喝的茶，又不是那么容易。即便是老茶友，也可能会为自己不稳定的泡茶水平而懊恼。喝茶不时会听到老茶友说：今天把好茶泡坏了。

泡茶是技术活，更是精细活。从选水、煮水、选器、备茶到冲泡，每一个环节都可能对茶汤造成影响。白茶，她不像绿茶那样的青春靓丽，不像普洱茶那样苦涩重甘，也不像大红袍那样的岩骨花香，也不像红茶那样形容俊美……

初见白茶，对她的第一印象往往是清新淡雅，虽然有清新范儿，老茶也偶有浓烈炽热，大多数情况下，很难让人一见倾心，可是，随着接触的增多，往往又会让人日久生情。

白茶的冲泡，严格来讲，可以说是泡无定法。因为，无论你选择大杯直接冲泡，还是用盖碗、紫砂壶冲泡，又或者是用保温杯去闷泡，或者直接拿去煮着喝，只要搭配得当，总也能找到适合口味的白茶。至于你是更

泡茶是技术活

喜欢用哪种器皿，或是喜浓喜淡，完全可以看自己的心情来泡，只要你欢喜就好。

水温

一般来讲，新白茶投茶量 3~5 克就可以了，水温可以在 85 ~ 100℃，高山茶用高温，低海拔的茶用低温，粗老的茶用高温，细嫩的茶用低温。简单来说就是高粗高，低细低。高山对应高温，低山对应低温；细嫩的茶如白毫银针、牡丹王用低温，粗老的茶如贡眉、寿眉用高温。对于老白茶来讲，则一律用高温冲泡就可以了。

这是为什么呢？因为新茶还没有充分转化，主要喝的就是鲜爽和甘甜，而鲜爽甘甜滋味的主要成分来源是氨基酸，氨基酸不喜高温，而越是细嫩的茶氨基酸含量越高，因此，低水温泡出的茶更鲜甜，高水温泡出的茶更香醇。越细嫩的茶毫香越明显，越粗老的茶甜度越明显。

泡茶器

盖碗是最好用的通用泡茶器，玻璃杯、盖碗、紫砂壶、保温杯等我们生活中常用的泡茶器具，都可以用来泡白茶，只不过，不同的泡茶器具需要选择合适的茶品和投茶量，才能泡出更好的口感。

泡白茶时，如果需要品味更加细腻、饱满的香甜度，那就建议采用工夫茶的泡法，选用紫砂壶和盖碗来冲泡；如果是追求喝水或是喝出白茶的营养，那么玻璃杯和保温杯都可以用来泡茶。

无论茶品的新陈老旧，盖碗和紫砂壶都是最好的泡茶器皿。盖碗泡出的白茶香气、滋味层次明显，每一泡都有完全不同的体验，茶品更耐泡；紫砂壶冲泡出的白茶，香气略输于盖碗冲泡，但汤感醇厚浓郁，茶叶相对耐泡度弱于盖碗冲泡。

新白茶等级较高的茶可以用玻璃像泡绿茶那样的冲泡，投茶量可以相对较少，慢慢泡慢慢喝；较粗老的白茶和老白茶可以用保温杯泡，用开水泡进去微闷一下，滋味更加醇厚，但这样泡出的茶香味会稍差一些，口感却是十分浓郁。

白毫银针

时间

一杯好茶，需要适当的投茶量与水温、泡茶器皿的巧妙利用和配合，另外一种因素就是对于时间的把控，如果冲泡时间太短，滋味出不来，冲泡的太久，滋味太浓，喜欢喝淡茶的人可能又不习惯。

一般来讲，茶水分离的泡茶器皿，比较容易控制时间，比如紫砂壶和盖碗，一般每泡茶的间隔为 5~15 秒较为合适，而玻璃杯和保温杯冲泡时，时间比较不容易掌握，一般冲泡时间在 30 秒至 2 分钟为最佳，超过这个时间之后，需要把杯中的茶汤倒出一部分，再加入一些开水进去，用以继续冲泡和调节茶汤浓度。具体个人喝茶的口感，可以在不断的尝试当中去摸索出最适合自己的泡法和口感的规律出来。

因人泡茶、因人投茶，喜淡少投，喜浓多投。

喝茶对象

如果一杯白茶不是泡给自己，而是泡给别人，那么就要更多地考虑喝茶人的需求。如果是品鉴一杯茶，那就可以用审评杯，用茶叶审评的泡法，把白茶中的营养成分尽可能多的冲泡出来，用以品鉴这款茶的内质、工艺、卖点等等情形。

如果是品饮的泡茶，则以工夫茶的泡法为最佳，适合依据品饮的人数，合理地选择泡茶器具，投放适当的茶量，由泡茶的人依据现场情形来掌控泡茶的整个过程：一般来讲 3~5 人品饮白茶，泡茶以盖碗为主，这样比较容易品尝到一款茶的层次和滋味展现；而 5 人以上或人数较多时，泡茶以紫砂壶冲泡为主，重在品饮茶汤，而品香、层次则稍在其次。

白茶品鉴

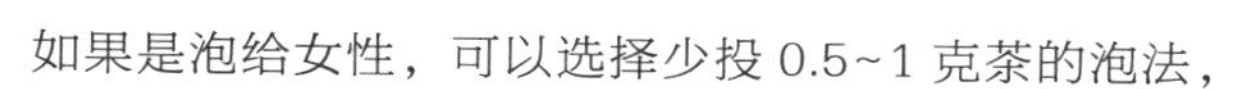

如果是泡给女性，可以选择少投 0.5~1 克茶的泡法，

因为大多数女性口味相对较轻淡，另外新白茶茶性偏寒，也不建议女性多饮。而泡给男性则可以按照相反的方向来冲泡。而泡给一个喜欢吃川茶和喝生普的朋友，就要适当加大投茶量，相反，泡给一个喜欢较清淡口味平常只喝绿茶的朋友，就要适当减时减量了。

茶的形态

不同形态的白茶，也要采取不同的泡法。紧压的茶饼、茶砖（巧克力块）、茶球类的茶，建议用紫砂壶冲泡，投茶量以 5~7 克为宜，冲泡时间相对拉长，因为紧压茶早期的滋味释放较为缓慢；而松压茶或散茶的冲泡时间不宜过长，因为散茶与水接触的较为充分，滋味释放较快，泡太久，味道就会偏重。

用水

泡白茶最好的水是山泉水，其次是纯净水，再次是过滤过的自来水。不建议用自来水直接泡茶，因为每个地方水质的不同，泡出来的茶滋味也会有比较大的区别。

为了获得更好的口感，在泡茶的用水、注水、投茶等各个方面也有一些小窍门。

泡茶时的注水过程，最好不要搞什么三起三落、循环注水的那样好看、不实用的花架子，单点注水，让水顺着杯壁缓缓地进入泡茶器，缓缓浸没茶叶为最佳，这样既不会影响白茶的毫香蜜韵，也不会因为水流太急、水直冲到茶上而破坏茶的口感。

投茶时，紧压的茶类尽可能地用茶针或用手分拆成较薄的片状，而不是块状，这样更有利于茶滋味的释放，不建议用手把相对大块的紧压茶直接掰成小块，那样会有较多的茶沫或茶渣，会影响品饮体验。

在冲泡白茶时，建议大家放弃使用过滤网，这样茶毫中的营养物质可以更多地进入茶汤当中，会有更加明显的毫香。弃用滤网需要更高的泡茶水准，一开始可能不熟练，但很快就会习惯。

“转”字诀

香气，是茶最迷人的地方。香气曼妙，缥缈无常，捕捉不到，却更让人魂牵梦绕。冲泡白茶时，如何更好地释放它的香气和滋味，秘诀就一个字：“转”。

1. 怎么转，转杯子吗？

俗话说：欲泡好茶，先择好器。推荐有条件的茶友尽量使用盖碗。盖碗观看茶汤与叶底方便，且散热性好，不易闷坏茶，可以泡出白茶的原味。

泡白茶，要让茶随水转。以一个容量在125~150cc的盖碗为例。水烧开后，等壶里的沸水平息，然后采用定点注水方式，壶嘴离盖碗3厘米，同时壶嘴与盖碗内壁成15~30°斜角。

刚注水时，水流要冲在碗底收腰处，出水要粗要急，当水流沿着盖碗旋转时就会带动茶叶也旋转起来，茶叶的香气被激发出来，明显的花果香和茶香让人陶醉。

如果是新白茶，冲泡的时候尽量不要盖盖子，老白茶则可以，因为新白茶盖了会有闷熟的味道。当然还有一点，冲泡白茶水温要根据品类来分别对待，白毫银针通常用85~90℃、白牡丹90~95℃、寿眉（贡眉）95~100℃、老白茶和紧压白茶95~100℃的沸水。可别小看水温，它对香气和滋味都有很大的影响，水温太低的话，白茶的滋味、香气是不易充分展现出来的。

2. 到底要泡多久？

冲泡时间长，茶味浓厚，冲泡时间短，茶和水还没有融合，茶汤里可能会有水味。

关于白茶的冲泡时间，以盖碗法为例，总结经验如下：

白毫银针，投茶5克左右，水温为90℃左右，第一泡冲泡20秒出汤，往后每泡可延长5秒左右。

白牡丹，投茶5克左右，水温为95℃左右，第一泡冲泡25秒出汤，往后每泡可延长5秒左右。

贡眉、寿眉和老白茶、紧压白茶，投茶5克左右，水温为100℃，第一泡冲泡 30 秒出汤，第二泡冲泡 20 秒，往后每泡可延长 5 秒左右。

对白茶冲泡时间的把握，最开始最好以计时器辅助。等慢慢有了自己的感觉，就可以不用计时器了，正所谓熟能生巧，只有不断练习、积累经验才能做到准确把握时间。

只要将白茶的茶量、温度、时间恰到好处的结合，就可以冲泡出一杯浓淡相宜的好白茶。

3. 你精心泡出的茶，怎么鉴赏？

冲泡好的白茶汤盛在玻璃公道杯中，晶莹剔透，极具观赏性。尤其是生态环境佳、做工优良的白茶泡出的茶汤，汤色明艳透亮，看起来就赏心悦目。若是紧压白茶，因为运输、撬茶时可能造成一些碎渣，是允许有一些茶碎末沉在杯底的。

品饮经验丰富的白茶高手，看一眼茶汤就可以对茶叶品质有个初步判断：主要看其深浅和明亮度。原产地生态优良、茶树长势良好，制成的白茶必然清澈明亮；制作工艺精良，没有加工缺陷的茶，茶汤亮度自然好，不会发灰发暗。

啜茶法

在福鼎每个茶桌上，我们经常会听到“咻咻咻”的喝茶声音。

有人说，喝茶干嘛要发出那么大的声音呀？有点不雅。

但事实上，这样的喝茶方式恰恰就是喝白茶最准确的审评方式。

这样的喝法，我们也叫它“啜茶法”。

啜茶的具体做法：

1. 茶汤边沿接触到嘴唇时，将茶汤自然地吸入口中。

吸的方式，有点像是在喝热汤，既不是大口大口地喝，也不是小口抿茶。太大口，啜茶的时候容易呛到；太小口，可能又会啜不到茶。所以，要根据个人的口腔大小，吸一口茶汤。

多练习几次就知道自己一口应该喝多少了。

吸的作用，是可以让你一下子就捕捉到整杯茶汤的香气。

2. 茶汤吸入嘴后，翘起舌尖，将舌头包含在茶汤中间。

白茶进入嘴里之后，不要着急着把它喝下肚里去。这样可能会让你无法感受到白茶的茶汤质感。所以，茶汤入口之后，翘起舌头，让舌头包裹在茶汤中。

好茶的茶汤，舌头在茶汤当中，可以感受到汤水的稠柔程度。我们通常所形容的“茶汤醇厚”，主要就是在这个环节里进行感受。甚至可以让舌头上下搅动几圈，更直观地感受到茶汤稠厚、细腻的感觉。

3. 嘴唇微张，吸入空气，让茶汤在口腔中翻滚起来。

啜，是嘴巴连续、快速地吸气，让茶汤随着吸进来的这股气流开始翻滚起来。

啜是比较有难度的一个动作，吸气太猛也会容易呛到。所以可以试着先轻啜，只要能让茶汤滚动就可以了。

啜茶时，茶汤激荡翻滚，各个层次的香气和滋味都得以发挥，与口腔中的味蕾充分的接触，如此才能全面地感受到白茶的滋味。

在啜茶的过程中，白茶茶汤中的品种香、工艺香、产地香以及仓储、山场的气息等特点才会在嘴里一一浮现。越好的白茶，它的香气种类和滋味层次越是丰富，越啜也越有回味。

总而言之，白茶的冲泡，可谓是茶无定法，适口为佳。

斗茶，有滋有味

放下名利、放下奔波、放下了生活中诸多不如意后，我们正以这有滋有味的茶汤，让生活变得细致，让心灵彻底自然。

在茶乡福鼎生活久了，总有这样或那样的惊喜，比如我和几个朋友间的“斗茶”，便是不得不说的一趣。

羊年秋分之时，茶妖来电话邀请我去他家喝茶，说茶友山柰子、椰子、老扣也会一并过去。晚饭后，我便从茶室取了一泡方家山村的明前白毫银针和太姥山一片瓦的野生寿眉，叫上杭州来的老乡茶友小君，一起顶着毛毛雨往茶妖的住处走去。

因为在福鼎这样一个著名的茶产区生

方家山斗茶赛

斗茶赛评委在审评

活，使得我们能在繁忙的工作之余，有幸喝上一杯白茶，以此来放慢自己的生活节奏，享受大自然的丰厚馈赠。

到茶妖家时，山柰子、椰子、老扣都已经到了，大家围坐在那张古朴雅致的红豆杉茶盘旁，对茶妖从苏州茶博会上淘来的两把宜兴紫砂壶品头论足。这两把茶壶一大一小，大的是原矿清水泥圆润壶，矮扁，暗红色；小的是竹报平安原矿段泥壶，竹筒状，褐色，都是宜兴工艺美术师的作品，做工精巧细致，造型活泼大方，非常适合品茶的人把玩。茶妖对这两件宝贝颇为中意，喜悦之情溢于言表，一边向我们介绍他淘宝的经过，一边向身旁的八角形兰木茶盒里取茶。

我把随身带来的两泡茶递给他，茶妖见状哈哈大笑，转身和椰子打趣："你还说我这里没有好茶，这不是好茶来了吗？"

小君调侃道："不是说你没有好茶，是说你不舍得把好茶拿出来和我们分享。"

"对，我们这是抛砖引玉。"椰子也附和道。

说实话，我们几个朋友都十分爱茶，寻茶访幽在我们的生活中可算是一大乐事。福鼎但凡产好茶的山头，基本都被我们踏遍了，特别是茶妖，说他"嗜茶如命"应该不算夸张。他大学时学的是农学专业，所以在20世纪90年代初曾用专业技术帮助茶农改造过茶园，从此步入茶界，是我们朋友圈中饮茶资历最深的。他对茶叶的种植、加工甚至销售都十分精通，每当遇到一泡好茶的时候，他不仅能从茶树本身的山场、品种、树龄等特性来评点茶叶的优劣，而且还能从制作工艺上，如采青、萎凋、做青、杀青、揉捻、烘焙方面论其高低。他那种自信满满、侃侃而谈的架势，着实令我们佩服不已。因此，朋友们戏称他为"茶妖"，调侃道："福建茶界除了张老（张天福）茶仙、陈老（陈金水）茶神，接下来，敢于侃茶的就是你茶妖啦。"的确，在品茶方面，茶妖可以说是我们华茶号公益茶友会的领路人，和他一起喝茶，你不仅能领略到茶本身带来的物质和精神享受，而且还能充分体验友谊带来的种种愉悦和欣喜，感悟人生哲理。

老朋友见面，不多寒暄，直奔主题。此时，他的爱人已经烧好一壶清冽甘甜的山泉水，茶妖用开水依次温好茶壶、茶海和汤杯，把茶轻轻倒入茶壶中说："今天先来考考大家，看看这是什么茶。"

说话间，一杯热气蒸腾的茶水沏出来了，我轻轻啜了一口，嘴上说："哇，香！"脑子却在急速地打转：这是哪个山头出产的呢?

"这种味道似曾相识，但一时想不起来。"小君说。

"你们喝过的，应该猜得到。"

"别那么快把谜底揭了，再喝几道看看。高山地区的茶，有的须等到三四道以后，品种特征才能展现出来。"林子发言了。

大家又都安静下来，认真地鉴赏着茶叶的色、香、味，细细感受着手中这杯琥珀色汤水的清冽、甘甜和润滑。

"嘘~嘘~嘘"，只有茶妖独特的啜茶声，似乎正表达着他此时作为主考官的得意之情。

小君放下杯子，狐疑地问道："是不是仙蒲村的？"

"对啊，这是明前采摘的仙蒲村的白毫银针啊。"茶妖击掌而笑。

我恍然大悟，马上想起去年喝过的一泡仙浦白毫银针。福鼎市磻溪镇仙浦村地处世界地质公园太姥山脉，海拔600~800米，周围森林密布、云雾缭绕、水土洁净，此地雨量充沛，空气清鲜，周边植被保护良好，土壤以黄红砾壤为主，矿物质含量丰富，是茶叶生长的最适宜环境，素有"中国长寿村""国家级历史文化名村"的美誉。在福鼎，不同的山场和师傅做出来的白毫银针香味迥异，其特征有的显现，有的隐藏，要靠品茶人的细心和对叶片的观察才能做出判断。俗话说：一方水土养一方人，茶何尝不是如此。仙蒲村种植的福鼎大白茶引进太姥山鸿雪洞的绿雪芽古树，摄取了仙蒲的雨露阳光，吮吸了仙蒲的土地营养，得到仙蒲茶农的悉心照料，也就和太姥山土生土长的白茶品种一样，具备了十分优良的"毫香蜜韵"特征。

这时，老扣坐不住了，从口袋里掏出两泡茶，说道："我也带了两泡茶来，请大家鉴赏鉴赏。"

老扣是我们这群朋友里的后起之秀。前几年，品茶、论茶，他往往只有听的份，很少发表高见。但自从2011年他亲身参与茶叶制作加工以来，对茶的认识就突飞猛进，大有赶超茶妖的态势。我们聚会时的茶桌上再也不是茶妖一人唱独角戏了，有老扣和茶妖分庭抗礼。有时两人为了一泡茶的山场、品质会争得面红耳赤，朋友们也乐于看他们争论，“斗”得越凶、场面越热闹，笑声越大。这时候，他们往往一扫平时那种温文尔雅的君子风度，像两只好斗的公鸡，不争个明白决不罢休。

茶妖把茶倒入盖碗，我们挨个闻干香，都称：“香！”

老扣说：“首先告诉你们这不是仙蒲、湖林，更不是柏柳、河山，它也是一款高山茶。”他这番话，就像老师在给临考前的学生画重点，缩小复习的范围。

一道、二道、三道茶过后，小君说：“有点兰花香。”茶妖翻了翻碗中的叶片，夹起一张放到鼻尖用劲嗅了嗅，说：“不大像。”

我也觉茶妖说得有理，一般说来兰花香气很“冲”，就像人的性格属于张扬的外向型，浓烈得让人发腻。有些传统的福鼎茶人认为那是一种俗香，并不特别喜欢，其实偏好兰花香型的茶客还是大有人在。我有一个同学，也是福鼎人，大学毕业后常年在外地工作，可以说尝遍天下名茶，但他就是喜欢兰花香型的，还经常托人代买。可见，青菜萝卜各有所爱。

兰花香型的老白茶的确非常香，开水一冲，兰香扑鼻，满屋氤氲，不由人不赞好。但是眼前这杯，虽然也香，但此香又较以前喝过的老白茶更幽远，三道、四道、五道过后，香气仍然不减，回甘也较强烈，只是舌底略有一点点的涩感。

“其实，这是我们考高级品茶师时喝过的。”老扣又作了提示。

“大坪？黄岗？方家山？”老扣都摇摇头。

“实话告诉你们吧，这是佳阳畲族乡天湖山的。”众人此时方才如醍醐灌顶，豁然开朗：原来，天湖山茶场海拔 800 多米，当地茶园除了种植福鼎大白茶，也种植福鼎土菜茶，而福鼎土菜茶本身富含兰花香气的基因，所以天湖山的茶有着兰香气也就不足为怪了。

老扣进一步解释道，气温是随着海拔高度而变化的，通常海拔每升高 100 米，气温便降低 0.5℃。而温度决定着茶树中酶的活性，进而又影响到茶叶化学物质的转化和积累，因此不同海拔高度的茶叶原料，即鲜叶中的茶多酚、儿茶素、氨基酸等茶叶品质化学成分的含量也不一样。茶多酚和儿茶素随着海拔高度而减少，而氨基酸则随着海拔高度的提高而增加，这就为茶叶滋味的鲜爽甘醇提供物质基础。另外，茶叶中的不少芳香物质也随着海拔高度的提高而增加。这些香型物质会在茶叶制作加工过程中经过复杂的化学变化产生香味，如苯乙醇能形成玫瑰香，茉莉酮能形成茉莉香，沉香醇能形成玉兰香，苯丙醇能形成水仙香等。许多高山茶之所以具有某些特殊的香气，其道理就在于此。

其实，像我们这种纯友情的民间“斗茶”已成许多福鼎人的生活乐趣。因为赶上了一个“盛世尚茶”的时代，友人见面，问茶斗茶，渐成此处一道“慢生活”的风景，而我们喝茶的同时，也一并欣赏了福鼎悠久灿烂的茶文化。这样的时光如此曼妙柔软，使人如沐春风：放下名利、放下奔波、放下了生活中诸多不如意后，我们正以这有滋有味的茶汤，让生活变得细致，让心灵彻底自然。

封存福鼎白茶民间斗茶赛获奖茶

后记　茶归山林　人归自然

又将是茶叶吐翠飘香的时候，在这转暖的时分，在这雨润山青的茶乡福鼎，白茶又将演绎一幅迷人的图景。

白茶在我生活的小城，我是不陌生的，打小它就走进我的生活，在我的眼眸中它安静躺于一角，可它不是寂寞写此生，而是执拗地演绎“酒香不怕巷子深”，它总是走在前台，走在台面上。每逢家里来客，它就婀娜地水袖长舞，在福鼎明澈的水中书写柔骨书写温婉，散发那缕独特的芬芳。

白茶长于太姥山间，那袅绕的雾气那自天空飘飞而下的细雨是茶叶很好的汁液，福鼎给茶叶一片温润的天空。福鼎多重叠的峰峦，多细雨霏霏的场景，白茶选择福鼎是选择一位如意郎君。在福鼎的天空下，草长莺飞，万物极尽华美。正是三月生命都吐露那枚

嫩芽淡抹那痕鹅黄的福鼎，茶叶也崭露生命的尖尖角，两瓣嫩嫩的叶片如两杆生命的旗，或是春天的小手。茶叶含羞登场。茶叶初亮姿首，福鼎的舞台就让与白茶，福鼎就是白茶的篇章，那大街小巷，白茶将芳踪涂遍，将白茶的芳香渗入每一缕空气。福鼎因白茶而绿而香。

白茶芽立于枝头是很可爱的，宛如生命的风笛，绿色四溢，汁液饱满，让你不忍摘取，但你不让它搬离枝头，时间会让它芳华尽失，容颜衰老，唯有让它在生命最青春芳华时脱离那母体，生命才能定格，美丽才能永恒。望着拥拥挤挤铺满一篓或是一筛的新叶，我的心胸也漾满生命的交响，生命的青春宣言。晨曦未露时分，白茶园已是一片喧闹，在飘荡薄薄夜色的天光中，茶叶纷纷在茶农的手中轻盈地舞蹈，舞出生命最后的美，也将美好定格在那一刻。没有衰老的征象，只有青春的靓丽容颜在走向生命新的旅途。我喜欢摘那站临枝梢亭亭玉立的新叶，也将一份温润藏于心中。

新叶采摘后又将是一番生命的历练，那不是轻舞水袖、闲抛媚眼的戏份，而是凤凰涅槃，在火与炭中完成生命的升华，一个华丽转身。在日光中接受太阳的洗礼，在炭火的炙烤下烘焙，水分尽失，终于脱离了那温润的水。水有时是生命的华袍，但有时又须挤干水的点滴影子、点滴浸染，在远离水的境界呈示生命的另一种芳菲。终于水走出茶叶的领地，茶叶在无水的日子里开始生命新的歌吟。

白茶终是水做的尤物，福鼎是水的故乡，白茶与水的玉露相逢便是茶的极致场景，所有的美丽和芳华都可述尽了。水不再是隐匿幕后，茶也不再收敛，它慢慢舒展生命的姿态，将青春时的容颜尽情展示，也不是犹抱琵琶半遮面的娇羞态，而是腾挪俯仰一吐生命的芳菲，袅袅的香气溢出杯外。生命不再含蓄。

我喜欢一杯白茶在每日的案头供我啜饮，我品的不仅是能润肺驱渴的茶水，更是茶的心性，茶的絮语。茶在我的面前是有灵性的伊人，与茶相伴，就是与美好的日子和心情相偎。

白茶将这个三月熏染得芳香四溢，茶将闽东一隅的福鼎陶醉得不知有汉何论魏晋。

清晨，端起一杯白茶，春的景象会浮现眼前，漫山苍翠，蝶飞蜂舞。村妇少女说笑着嬉戏着，巧手在修剪齐整的茶树枝尖忙碌，一点儿也不耽搁采茶，五颜六色衣衫与茶树相映，活像盛开的花朵在骄阳下闪烁，将山坡点缀得春光无限。

美好的一天在白茶里开始……

有一天，我的老朋友张郑库说，他想把自己的茶故事讲述出来，为自己，也为福鼎白茶留点记忆。十多年来，由张郑库口述，张郑库的长女张婷婷补充，我记录与修改，积累了丰富的素材，就有了《初见白茶》这本书。书不可不读，这是我读书的信条。少年时我爱上了读书，那是跟父亲有关。父亲常买来一些激励人志鼓舞人志的书给我读，还常对我讲孟母三迁的故事。尽管经济困难，几块钱的茶厂工资仅够养家糊口，但他仍乐此不疲地给我买书。那时候我常读的书有《生命中不能承受之轻》《傅雷家书》《瓦尔登湖》《西游记》《三国演义》《射雕英雄传》《唐诗三百首》……直到现在我还保存着那些书。

中学时我读书常爱摘录一些诗词名句、名哲语录，视为珍馐，奉若神明。我常爱去记忆那些蕴含深刻的语句语段，作文时也爱引用几句，居然博得语文老师的好评。不过，我读书很难做到过目成诵。这一点在古人说的“书不可不诵”面前，我是自愧弗如的。读过的书经常连故事情节都说不出来。面对书，我有时也说不出一个所以然，往往是囫囵吞枣，生吞活剥，不能博闻强记，博览多知。想着这里，我心里有时着急。

去农校读书后，农学专业书籍成了我的枕边书。每天晚上或周末，我会泡在图书馆，从《齐民要术》《农书》《农政全书》《氾胜之书》《农业志》《清代奏折汇编——农业、环境》和《茶经》等古代农业书籍，到近现代的《茶业通史》《制茶学》《果树学》《正义乡村》《中国田制史》《怀旧——永恒的文化乡愁》等等，小小说、诗歌、散文、报告文学、说明文，尤其科普文章，从课堂内外，到实习实践，尽管勤奋地在学在读，也恐慌自己的才疏学浅，获取的知识一直碎片化。

到了后来，我常扪心自问：这样读、这样学、这样写，我到底丰富了自己没有？我在心里画上这么个问号，就急不可待地读书，太苦也太累。带着功利性去读书费心费血，到头来反而弄巧成拙，收效甚微。后来便想——

书海无垠，知识浩繁，而“明镜催人白发多”，人生苦短，那么就手执一卷，纯粹消遣吧。倘若瞻前顾后，踌躇不安，难免光阴虚掷，一事无成。

可我读书常随书而动情。多年的读书习惯造就我有了一个多愁善感的毛病。我常流泪于人物命运的悲惨，常欢欣于成功者的宝杯，常掬同情于如花似玉的丽人，常感慨与己同境的妙笔，我不由自主地进入了角色，但不勉强，不做作，不附会，这时候，喝茶成为一种解愁的方式。

喝着喝着，读书伴着喝茶，茶书成为我工作之后的最爱，探索茶的奥秘也成常态。爱茶喝茶，就有了对茶的理解和主张，不是给茶赋予了什么意义，而是通过茶给自己的人生赋予了意义，不管时事如何变迁，只要生活在奔跑，追求的心就在奔跑，会喝茶，就是体味生活本来的味道，也是茶蕴含的丰富内涵。这些点点滴滴，都写在我的茶书《白茶时间》《毫香蜜韵》里面了。

探索，是艰辛的，也是痛苦的。面对茶市的杂乱无序，其探索显得更艰辛，更痛苦。现阶段，从表层上看，中国茶产业已经背离传统形式很远了，个性的挥洒也到了一个新的层面，甚至有部分产品完全脱离传统制式，可以说是对传统的否定之否定。但，透视现象，考量本末，你一定可以悟到静、清、和、雅的茶文化特质，已经深深地融合于外在的现代形质之下。

常坐卧于书，常伴书而眠。常沉醉于书于情于景，常读得没有城府之心，常读得没有异想杂念。常激励自己明明白白，不卑不亢，不奴颜不卑膝，不肆意雕琢。常惊喜于怀，常瞬间大悟，犹如古人所说，“心有灵犀一点通”啊！

做人莫过如此。读书的品位是真，做人的品位是纯，真纯乃是人生之本色。读书生活是真与纯的包容与渗透。读书和做人常常是形影不离相辅相成互为辉映的。

读书不唯是为了引经据典出口成章，那样未免有掉书袋之嫌，凡做人也不是常挂书于嘴。“世上万般皆下品，唯有读书高”，那读书只不过是登上仕途的一种阶梯而已。把读书看成通向人生辉煌的唯一阶梯，那是不可取的。至于在书中读出黄金屋千钟粟颜如玉，那是在于各人的悟性，仁者见仁，智者见智。

总之，咬文嚼字也罢，含英咀华也罢，如同嚼蜡索然无味也罢，读书是很值得玩味的。否则，纵然喝了墨水，一不知其微言之意蕴，二不知其精华与糟粕，仅增添闲谈的话题而哈哈一笑，又何以为足耶？

做人犹如读书，不艰涩不浅陋，不繁博不寒碜，不故弄玄虚不故作神秘地藏匿起来。历代学人著书立说，留下绝唱名篇，读书之法，做人之鉴，已是浩浩瀚瀚的了。

读书犹如做人，需要增进营养。我常激励自己，笨鸟先飞，没有好记性却有烂笔头。我勤于做笔记，我爱抄录，史料、掌故、风俗、人情皆记下来。写起文章来自然得心应手，相得益彰。

我常品书而踽踽独行，遇见古人的风骨，遇见仁者的睿智。面壁而立，寂寞清苦自不待言。然而其苦也甜甜，其乐也陶陶。写家的玄远绵长，清澈悠游，顿成胸内境界。

古人云，“十年磨一剑”“十年磨一戏”，许多东西都是在无形中耳濡目染潜移默化的。能写出文章来，我也不再引以为荣，而是依然熄火静气，不浮躁，不沾沾自喜欣欣于怀。

读书之苦乐，犹如做人之苦乐，道不尽个中滋味，得要你去细细品味。正如佛家偈语：“人生如茶，如人饮水，冷暖自知”。

事实上，我们的生活，并非要像参禅那样去苦思冥想。茶禅一味，是人们在喝茶时安静的思考，追求喝茶时的随意和淡然，感悟人生的真意。在喝茶中体验生活之美，在生活中体验喝茶乐趣，感受每一次美好、纯净、清醒的体验。人生的真谛是活得明白而不仅是想得明白，这正是走向禅意、感悟生命的价值。

从生长、淬炼、修成、牺牲、绽放、淡却到回归，茶走过一生，平凡而淡雅。人生如茶样的品质，人生的历练就像冲泡时茶翻滚的过程，跌宕起伏，每一段经历都有一番滋味，喝茶慢慢品，苦涩鲜甜，人生的滋味何尝不正是先苦后甜，如茶一样，经历千百转，才能收获香韵的人生。

茶，不过是人生载体，思维的载体。

最喜欢宋朝诗人杜耒这首缘茶而生的《寒夜》：“寒夜客来茶当酒，竹炉汤沸火初红，寻常一样窗前月，才有梅花便不同。”它不光渲染平常人当下以茶迎客的盛情和深厚的文学意境，而且有思辨的哲学原理：“寻常一样窗前月，才有梅花便不同”与“不识庐山真面目，只缘身在此山中”在思维上的互补作用，异曲同工，是人生处在“山重水复疑无路，柳暗花明又一村”时的豁然开朗。它主要利用“静止与运动”和“感性与理性”的原理，消解思维僵化所带来的行动滞缓乃至挫折和失败，指引人生成功。用这种睿智的思辨方法对待人生，人生会丰富多彩，胸怀会安静宽广。

感谢福鼎白茶，良师益友，夯实了我的人生和思考人生的基础。应张郑库之邀，承蒙原福鼎市人大常委会主任、市茶业发展领导小组组长，现任福鼎市茶业协会党支部书记陈兴华先生题写书名，中国茶叶流通协会会长王庆先生、福建农林大学教授孙威江先生倾心作序，为本书增辉添色。同时感谢杨应杰、黄河、林飞应等茶友提供资料，别茶道茶馆以及张郑库的各位徒弟主办或参加系列茶会或品鉴活动。

人生如茶，由此而来，以此作罢。茶路无尽，不忘初心，希冀《初见白茶》这本小册子能够助力福鼎白茶在未来的路上越走越广，香飘世界，造福人类。

雷顺号

2018 年 4 月于福建福鼎